ISBN: 3−921 270−08−1

Der Privatflugzeugführer
Band 2
Grundlagen der Flugwetterkunde
Verfasser: Wolfgang Kühr

Der Privatflugzeugführer

Band 2 Flugwetterkunde

ISBN:	3 – 921 270 – 08 – 1
Verfasser:	Wolfgang Kühr
Verlag und Copyright:	Luftfahrtverlag Friedrich Schiffmann GmbH
Rechte:	Alle Rechte vorbehalten, insbesondere auch diejenigen aus der spezifischen Gestaltung. Der auszugsweise oder teilweise Nachdruck oder eine Vervielfältigung sind untersagt und werden als Verstoß gegen das Urheberrechtsgesetz verfolgt. Alle Angaben erfolgen nach bestmöglicher Information, jedoch ohne Gewähr für die Richtigkeit.
Herstellung:	Schiffmann-Gruppe D-51427 Bergisch Gladbach Germany Telefon 0 22 04 / 40 09 13 Telefax 0 22 04 / 40 09 14
Auflage:	Januar 1995

Vorwort

Mit dem hier vorliegenden Band besitzen Sie ein Buch aus der neuesten Auflage. Es erfüllt uns mit einem gewissen Stolz, daß in Bezug auf den Inhalt, den Aufbau und die Gliederung nichts mehr verbesserungswürdig war. Wohl aber haben wir da optimiert, wo es uns oder den Benutzern der ersten Auflagen empfehlenswert erschien.

Den Jungfliegern wünschen wir viel Erfolg mit unserer Lehrbuchserie, so daß Prüfung und fliegerische Laufbahn 'störungsfrei' verlaufen mögen.

Den Altpiloten hoffen wir eine Menge einstmals gelernten Fachstoffs, der vielleicht irgendwo vergraben war, wieder verwertbar zu machen.

Januar 1995

Verfasser
Wolfgang Kühr

Verleger
Luftfahrtverlag Friedrich Schiffmann GmbH

INHALTSÜBERSICHT – gegliedert nach Stoffgebieten

Seite	Kapitel		Abbildung	
1	**1.0**	**Die Atmosphäre**		
	a)	Der Luftdruck		
	b)	Die Luftdichte		
2	1.1	Zusammensetzung der Luft	Abb. 1	Luftdruck und Luftdichte
3	**2.0**	**Aufbau der Atmosphäre**	Abb. 2	Temperaturwechsel in der Atmosphäre
	2.1	Die Troposphäre		
4			Abb. 3	Die Troposphäre
5	2.2	Die Stratosphäre		
	2.3	Die Mesosphäre		
6	2.4	Die Ionosphäre (Thermosphäre)	Abb. 4	Die Ionenschichten in der Ionosphäre
7	2.5	Die Exosphäre		
	2.6	Stockwerksverlauf, Temperaturänderung		
	2.7	ICAO-Normalatmosphäre		
8			Abb. 5	Aufbau der Atmosphäre
9	**3.0**	**Lebensbedingungen in der Atmosphäre**		
	3.1	Atmosphäre, allgemein		
	3.2	Die Reaktionsschwelle		
	3.3	Störungsschwelle		
	3.4	Kritische Schwelle		
10	3.5	Die Todesschwelle		
	3.6	Die biologische Schwelle		
	3.7	Zusammenfassung (nach LBA)		
11	**4.0**	**Der Wärmehaushalt der Atmosphäre**		
	4.1	Strahlungsenergie		
	a)	Die Reflexion	Abb. 6	Sonnen- und Erdstrahlung
12	b)	Die diffuse Zerstreuung der Sonnenstrahlung		
	c)	Absorption der Sonnenstrahlung	Abb. 7/8	In die Atmosphäre einfallende Sonnenstrahlung
13	4.2	Die Erdstrahlung		
	a)	Die direkte Wärmeleitung	Abb. 9	Erdstrahlung und deren Absorption
	b)	Die thermische Konvektion	Abb. 9a	langwellige Erdstrahlung
14	c)	Verdunstung mit anschließender Kondensation		
	d)	Erwärmung der Luft durch Turbulenz		
	e)	Erwärmung der Luft durch Absorption durch den Wasserdampf	Abb. 10	Glashaus- oder Treibhauseffekt
15			Abb. 11	Treibhauseffekt des Wasserdampfes
			Abb. 12	Wärmeübertragung vom Erdboden an die Luft
16		Zusammenfassung von 4.2 - Erdstrahlung		
	4.3	Die horizontale Temperaturverteilung		
	a)	Temperatur in Abhängigkeit von der geographischen Breite und Jahreszeit	Abb. 13	Unterschiedliche Erwärmung der Erde durch die Sonne
17	b)	Unterschiedliche Temperaturen durch verschiedene Bodenbeschaffenheit		
	c)	Temperatur in Abhängigkeit von der Bewölkung		
	d)	Abhängigkeit der Temperatur von der Bodengestalt		

Seite	Kapitel		Abbildung	
17	**5.0**	**Temperatur, Stabilität und Luftfeuchtigkeit**		
	5.1	Definition der Temperatur		
18	5.2	Temperaturmessungen (Lufttemperatur)	Abb. 14	Vergleich Celsius zu Fahrenheit
	5.3	Temperaturänderung mit zunehmender Höhe (vertikaler Temperaturgradient)		
19		1. Der Schichtungsgradient	Abb. 15	ICAO - Standardatmosphäre
			Abb. 16	Isothermie
			Abb. 17	Inversion
20		2. Die Hebungsgradienten	Abb. 18	Der trockenadiabatische Temperaturgradient
		a) Trockenadiabatischer Temperaturgradient		
		b) feuchtadiabatischer Temperaturgradient	Abb. 19	Der feuchtadiabatische Temperaturgradient
21	5.4	Stabilitätskriterien aufsteigender Luft		
		a) Stabilität	Abb. 20	Stabilität
		b) Labilität	Abb. 21	Labilität
		c) Indifferenz	Abb. 22	Indifferenz
22		d) Bedingte - oder Feuchtlabilität	Abb. 23	Stabilitätskriterien aufsteigender Luft
		e) Überadiabatische Gradienten		
		f) Die absolute Labilität		
		g) Absinkende Luft		
23	5.5	Temperatur und Luftfeuchtigkeit	Abb. 24	Der Temperaturgradient absinkender Luft
			Abb. 25	Aggregatzustände
25			Abb. 26	Wasserdampfgehalt der Luft
			Abb. 27	Die Sättigungskurve
26	5.6	Das wichtige Zusammenspiel zwischen Temperatur und Taupunkt		
27	**6.0**	**Wolkenbildung**		
	6.1	Wasserkreislauf Erde / Atmosphäre	Abb. 28	Wasserkreislauf Erde / Atmosphäre
28	6.2	Allgemeines zur Wolkenbildung		
	6.3	Wolkenbildung durch Hebung		
29			Abb. 29	Wolkenbildung durch Thermik
30	6.4	Wolkenbildung durch Kaltlufteinbruch unter Warmluft (Kaltfront)	Abb. 30	Flug über oder unter Cumulus
			Abb. 31	Wolkenbildung durch Kaltfront
31	6.5	Wolkenbildung durch aufgleitende Warmluft über Kaltluft (Warmfront)	Abb. 32	Wolkenbildung durch Warmfront
	6.6	Wolkenbildung durch Hebung an Hindernissen		
32			Abb. 33	Wolkenbildung durch Hebung an Hindernissen
			Abb. 34	Wolkenbildung (Föhneffekt)
33	6.6a	Entstehung von Wogenwolken (bei Föhn)		
	6.7	Wolkenbildung durch turbulente Durchmischung der Luft		
	6.8	Wolkenbildung durch Ausstrahlung	Abb. 35	Bildung von Stratuswolken
34	6.9	Wolkenbildung durch hochfliegende Flugzeuge (Kondensstreifen)		

Seite	Kapitel		Abbildung	
34	7.0	**Wolkenarten (Einteilung der Wolken)**	Abb. 36	Bildung von Quellwolken
35	7.1	Gattungen der Quellwolken	Abb. 37	Cumulus - Wolken
			Abb. 38	Cumulonimbus
			Abb. 39	Altocumulus
36			Abb. 40	Cirrocumulus
			Abb. 41	Stratocumulus
	7.2	Schichtwolken	Abb. 42	Stratus
			Abb. 43	Nimbostratus
37			Abb. 44	Altostratus
			Abb. 45/46	Cirrostratus mit Halo
			Abb. 47	Altostratus mit Hof
			Abb. 48	Cirrus
38	7.3	Klassifizierung der Wolken		
39	7.4	Messung der Wolkenuntergrenzen	Abb. 49	Ceilometer (Wolkenscheinwerfer)
40	8.0	**Nebelbildung, Sicht und Dunst**		
	8.1	Strahlungsnebel	Abb. 50	Strahlungsnebel
41	8.2	Advektionsnebel		
42	8.3	Mischungsnebel	Abb. 51	Küstennebel
43	8.4	Verdunstungsnebel		
	8.5	Allgemeine Betrachtung über Nebel, Dunst und Sicht		
44	9.0	**Niederschlagsarten**		
	9.1	Niederschläge am Erdboden		
	9.2	Niederschläge in der freien Atmosphäre		
47	9.3	Niederschlagsarten (Regen und Schauer)	Abb. 52	Dauerniederschläge (Landregen)
			Abb. 53	Schauerniederschläge
48			Abb. 54	Konvektionsniederschläge
			Abb. 55	Orographische Niederschläge
49	10.0	**Der Wind, Hoch- u. Tiefdruckgebiete**		
	10.1	Ursachen für die Entstehung des Windes	Abb. 56	Luftzirkulation auf stillstehender Erde
50	10.2	Die allgemeine Zirkulation	Abb. 57	Die allgemeine Zirkulation auf sich drehender Erde
51	10.3	Faktoren, die den Wind beeinflussen	Abb. 58	Die drei Zirkulationsräder
		1. Die Gradientkraft	Abb. 59	großer Isobaren- (Isohypsen-) Abstand
52		2. Die Corioliskraft	Abb. 60	kleiner Isobaren-(Isohypsen-)Abstand
			Abb. 61	Druckdifferenz zwischen Hoch und Tief
			Abb. 62	Einfluß der Erddrehung auf Luftmassen
53			Abb. 63	Drehgeschwindigkeit der Erdoberfläche an verschiedenen Breitenkreisen
		3. Die Reibungskraft	Abb. 64	Geostrophischer Wind
54	10.4	Bestimmung des Höhenwindes	Abb. 65	Reibungseinfluß in Bodennähe
	10.5	Der Wind in Hoch- und Tiefdruckgebieten und das Barische Windgesetz	Abb. 66	Hochdruckgebiet
55	10.6	Lokale Windsysteme	Abb. 67	Strömung vom Hoch zum Tief
		A. Thermische Lokalwinde		

Seite	Kapitel		Abbildung	
56		B. Andere, vom Gradientwind abhängige, Lokalwinde	Abb. 68 Abb. 69	Der Seewind Der Landwind
57			Abb. 70 Abb. 71	Mistral und Bora Schematische Darstellung des Föhns
58			Abb. 72/73	Altocumulus lenticularis
59	10.7	Thermische Auf- und Abwinde (abschließende Zusammenfassung)	Abb. 74 Abb. 75	zu geringe Sinkrate durch Aufwind zu hohe Sinkrate durch Abwinde
60			Abb. 76 Abb. 77	Auf- u. Abwinde auf der Luv- und Leeseite eines Gebirges Ruhiger Flug über und unruhiger Flug unter Cumulus-Wolken
61	**11.0** 11.1 11.2	**Luftmassen und Fronten** A. Luftmassen Entstehung von Luftmassen Klassifizierung der Luftmassen		
63	11.3	Eigenschaften von Kalt- u. Warmluftmassen	Abb. 78	Luftmassen in Europa und Nordamerika
65	11.4 11.5 11.6	Übersicht der in Europa möglichen Luftmassen B. Fronten Frontenbeschreibung Die Warmfront		
66	11.7	Die Kaltfront	Abb. 79 Abb. 80	Querschnitt durch eine Warmfront Quellbewölkung (Gewitter) in der Kaltfront
67	**12.0** 12.1	**Die Wettererscheinungen in Tiefdruck- und Hochdruckgebieten (Zyklonen/Antizyklonen)** Das Tiefdruckgebiet	Abb. 81	Querschnitt durch eine Kaltfront
68			Abb. 82 a bis d	Entstehung eines Tiefdruckgebietes an der Polarfront
69			Abb. 83a Abb. 83b	Querschnitt durch Warm- u. Kaltfront Isobaren und Fronten an einem Tiefdruckmodell
70			Abb. 84 a bis d	Bildliche Darstellung des Vorderseitenwetters
73	12.2	Okklusion und Auflösung einer Zyklone	Abb. 85 Abb. 86	Entwicklung einer Zyklone über die Okklusion zur Auflösung Kaltfrontokklusion
74	12.3	Zyklonenfamilien (Zyklonenserien)	Abb. 87	Warmfrontokklusion
75			Abb. 88	Entstehung eines Sekundärtiefs
76	12.4 12.5	Das Zentraltief (Islandtief) Hochdruckgebiete (Antizyklonen)	Abb. 89	Zwischenhoch (Thermisches Hoch)
77			Abb. 90 Abb. 91	Windbewegungen in einem Hoch Stabiles Hochdruckwetter

Seite	Kapitel		Abbildung	
78	**13.0**	**Großwetterlagen in Mitteleuropa**		
	13.1	Westwetterlage		
	13.2	Nordwestwetterlage		
	13.3	Nordwetterlage		
	13.4	Ostwetterlage		
79	13.5	Südwestwetterlage		
	13.6	Vb-Wetterlage		
	13.7	Trog und Kaltlufttropfen	Abb. 92	Tiefdrucktrog hinter Kaltfront
80			Abb. 93	Kaltlufttropfen
81	**14.0**	**Gefährliche Wettererscheinungen für die Fliegerei**		
	14.1	Gewitter	Abb. 94	Typische Gewitterwolke (Cb)
82	14.1.1	Entstehung und Arten von		
83		1. Das Cumulusstadium	Abb. 95	Cumulusstadium einer Gewitterwolke
		2. Das Reifestadium	Abb. 96	Reifestadium einer Gewitterwolke
84		3. Das Auflösungsstadium		
85	14.1.2	Gewitterarten	Abb. 97	Auflösungsstadium der Gewitterwolke
		1. Luftmassengewitter	Abb. 98	Luftmassengewitter
86		a. Wärmegewitter	Abb. 99	Wärmegewitter
87		b. Orographische Gewitter	Abb. 100	Orographische Gewitter
88		2. Frontgewitter		
		a. Kaltfrontgewitter	Abb. 101	Kaltfrontgewitter
		b. Warmfrontgewitter		
89		c. Okklusionsgewitter	Abb. 102	Warmfrontgewitter
90	14.1.3	Gefahren für die Fliegerei		
91	**14.2**	**Die Flugzeugvereisung**	Abb. 103	Böenwalze (Gewitterböe)
	14.2.1	Allgemeines über Vereisung		
92	14.2.2	Arten und Gefahren der Vereisung	Abb. 104	Folgen einer schweren Vereisung
93		a. Klareis	Abb. 105	Klareisansatz am Tragflügelprofil
94		b. Rauheis	Abb. 106	Wetterlage für unterkühlten Regen
95		c. Rauhreif	Abb.107	Rauheisansatz am Tragflügelprofil
96	**15.0**	**Wetterkarten, Wetterschlüssel, Wettersymbole und Wettermeldungen**		
	15.1	Die Bodenwetterkarte	Abb. 108	Der Stationskreis
97		Schlüsseltabellen		
100			Abb. 109	Bodenwetterkarte
101	15.2	Andere Wetterkarten	Abb. 110	Höhenwetterkarte
103			Abb. 111	Significant Weather Charts
105	15.3	Wettermeldungen (METAR u. TAF)	Abb. 112	METAR-Schlüssel
106			Abb. 113	TAF (Terminal Aerodrome Forecast)
108	15.4	Flugwettervorhersagen über automatische Anrufbeantworter (AFWA)		
110			Abb. 114	GAFOR-Gebiete
112	15.5	Wetterfunksendungen für Luftfahrzeuge im Fluge (Meteorological Broadcasts)		

1.0 Die Atmosphäre

Als Atmosphäre bezeichnen wir die *Gashülle*, die unseren Planeten umgibt. Verglichen wir die Erde mit einem Fußball, so wäre diese Gashülle (die Atmosphäre) ungefähr so dick wie die Lederhülle des Balls. Die Lufthülle dreht sich mit der Erde mit, jedoch besteht auch eine relative Bewegung der Atmosphäre gegenüber der Erdoberfläche, die wir als *Wind* bezeichnen. Es ist eine kontinuierliche Bewegung, die der Fachmann *planetares Windsystem* oder *Luftzirkulation* nennt. Diese Erscheinung wird in erster Linie hervorgerufen durch die g r o ß e n Temperaturunterschiede zwischen der Luft über den Tropen und den Polarregionen (Druckunterschiede). Das Zirkulationssystem wird zusätzlich durch u n g l e i c h e E r w ä r m u n g von L a n d - u n d W a s s e r f l ä c h e n durch die Sonne, sowie durch andere Faktoren beeinflußt, die wir im Kapitel 'W i n d' ausführlich behandeln werden.

Man kann unsere Atmosphäre auch als ein riesiges Luftmeer betrachten, auf dessen Grund wir leben. Dieser Luftozean erstreckt sich von der Erdoberfläche viele Kilometer nach oben und v e r d ü n n t sich g l e i c h m ä ß i g bis zur äußeren, oberen Grenze, mathematisch betrachtet bis in's Unendliche. Die exakte Obergrenze der Atmosphäre hat noch niemand genau bestimmt. Man nimmt jedoch an, daß sie irgendwo zwischen einigen hundert und tausend Kilometern über der Erdoberfläche liegt, obwohl auch noch in viel größeren Höhen Gasmoleküle unserer Atmosphäre anzutreffen sind. In diesen Höhen gehen die Gasanteile unserer Atmosphäre langsam in die Gase des interplanetarischen Bereichs über.

Da die Atmosphäre unseres Planeten als Ganzes gesehen eine große Masse darstellt, übt sie wie jede andere große Masse, die der Schwerkraft unterliegt, einen großen Druck (also ein Gewicht) auf die Erdoberfläche aus, obwohl wir meinen, die Luft würde kein Gewicht haben. In der Tat ist Luft ungefähr 800 mal leichter als Wasser, aber das unvorstellbar große Volumen der Atmosphäre bringt ein beträchtliches Gewicht zusammen. Es sind ungefähr 5000 Billionen Tonnen. Die Atmosphäre ist also nicht - wie wir glauben - eine dünne, kaum bemerkbare Gashülle, sondern sie stellt einen ziemlich schweren und dicken Mantel dar, der die Erde umgibt. Weil die Atmosphäre so viel wiegt, drückt sie natürlich auch mit einem erheblichen Gewicht auf ihre Unterlage, die Erdoberfläche.

Das macht den sogenannten *Luftdruck* aus. Er beträgt – rein zufällig – in Meereshöhe, also in 'Normal-Null' = **NN** (auch **M**ean **S**ea **L**evel = **MSL**), fast genau *1kg/cm²*. Daher wird dieser Luftdruck auch *'eine Atmosphäre'* genannt. Er entspricht in der Standardatmosphäre (ICAO) dem Wert von **1013,25 Hektopascal (hPa)** oder **29,92 inches (Zoll) Hg** oder **760 mm Hg** (Hg = Quecksilbersäule des Barometers).

In unserer Atmosphäre nimmt der Luftdruck in gleich großen, sogenannten Höhenstufen, um gleich große Bruchteile ab. Mehr darüber in Band 3 (Technik II) unter dem Kapitel 'Höhenmesser und Höhenmessungen'. Wir merken uns jetzt nur folgendes:

a) Der **Luftdruck** reduziert sich pro **18 000 Fuß (5 500 m)** jeweils um die Hälfte. Das bedeutet, daß sich mit zunehmender Höhe folgende Teilwerte des Luftdrucks in Meereshöhe ergeben:

> In 18 000 Fuß (5 500 m) über NN (MSL) – die **Hälfte** ...
> In 36 000 Fuß (11 000 m) über NN (MSL) – ein **Viertel** ...
> In 54 000 Fuß (16 500 m) über NN (MSL) – ein **Achtel** ...

b) Mit der **Luftdichte** verhält es sich ähnlich. In Meereshöhe ist die Luft durch das Gewicht der darüber gelagerten Luftmassen sehr stark zusammengedrückt; die Luft ist also **sehr dicht**. In größeren Höhen wird die Luft immer dünner. Fast wie der Luftdruck, nimmt die Luftdichte zuerst recht schnell und dann in größeren Höhen immer langsamer ab. Hieraus ergibt sich, wie beim Luftdruck, folgende Dichte-Abnahme:

Siehe Tabelle unter a) 'Luftdruck' und Abb. 1 (nächste Seite)!

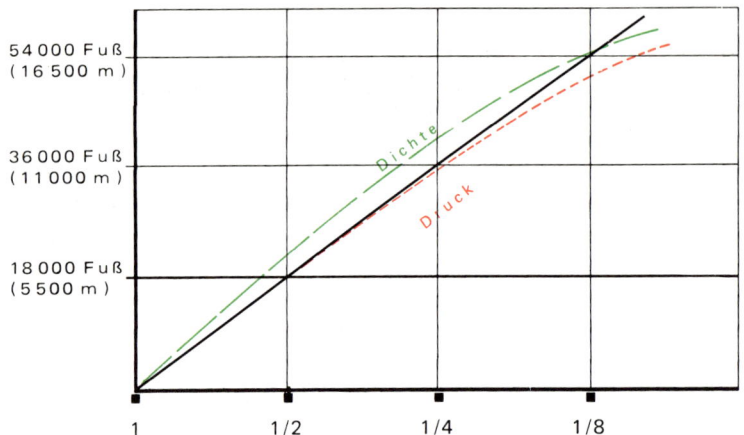

Abb. 1

Luftdruck und Luftdichte halbieren sich pro 18 000 Fuß (5500 m).

Demzufolge lassen sich folgende Anteile des Wertes in Meereshöhe nachweisen:

in 18 000 ft (5500 m) — die Hälfte
in 36 000 ft (11000 m) — ein Viertel
in 54 000 ft (16500 m) — ein Achtel

Gehen wir noch höher, so stellen wir fest, daß in etwa 36000 m Höhe die Luftdichte nur noch 1% des Wertes in Meereshöhe beträgt. Das bedeutet, daß hier schon 99% der Atmosphäre unter uns liegen. Das restliche Prozent stellt unsere Atmosphäre bis in Höhen von mehreren tausend Kilometern dar.

Wäre die Temperatur in allen Höhen gleich, so würden Luftdruck und Luftdichte auch gemeinsam mit zunehmender Höhe nach unserem Gesetz abnehmen. Die Temperaturen in verschiedenen Höhen weichen jedoch stark voneinander ab. Deshalb kann dieses Gesetz, nämlich 'Druck- und Dichteabnahme der Luft pro 18000 Fuß (5500m) Höhe um die Hälfte' nicht ganz genau stimmen. Die Abweichungen sind aber so gering, daß wir dieses Gesetz als brauchbare Faustregel für die Praxis benutzen können. Daraus können wir schließen, daß der größte Teil der Atmosphärenmasse sich in direkter Nähe der Erdoberfläche befindet, was in Tabellenform etwa so aussieht:

```
90 % der Atmosphärenmasse liegen unter   20 km Höhe  = 65000 Fuß
75 %   "         "           "     unter  10 km Höhe  = 33000 Fuß
50 %   "         "           "     unter   5,5 km Höhe = 18000 Fuß
```

1.1 Zusammensetzung der Luft

Unsere Luft ist ein Gemisch von verschiedenen Gasen. Eine ständige Luftdurchmischung infolge von Luftströmungen und der damit verbundenen Turbulenz verhindert eine Ablagerung der schweren Gase in der Nähe der Erdoberfläche. Wir können davon ausgehen, daß bis in Höhen von etwa 80 km eine gleichmäßige Zusammensetzung der Luft besteht. Erst in noch größeren Höhen überwiegen die leichteren Gase die schweren Gase.

In der *'Normalatmosphäre'*, auch ICAO-Standardatmosphäre genannt, gilt folgende **Luftzusammensetzung** bis zu einer Höhe von 80 km:

78% Stickstoff (N_2), 21% Sauerstoff (O_2), 0,9% Argon (Ar), 0,03% Kohlendioxyd (CO_2).
Den Rest, nämlich 0,07%, machen folgende **Edelgase** und **Spurenelemente** aus:
Neon (Ne), Helium (He), Krypton (Kr), Wasserstoff (H), Xenon (X), Radon (Rn), Ozon (O_3).

Diese Volumenprozente ergeben zusammen genau 100 %. Sie gelten jedoch nur für absolut trockene Luft. Von Bodennähe bis etwa in 36000 ft (11 km) Höhe (Tropopause) enthält die Luft immer eine gewisse Menge Wasserdampf, die zeitlich wie auch örtlich schwankt. In den Tropen können bei sehr hohen Temperaturen bis zu 4 Volumenprozent Wasserdampf in der Luft enthalten sein, so daß sich die Werte für die Gase Stickstoff und Sauerstoff geringfügig ändern (ca. 75% Stickstoff und 20% Sauerstoff).

Das Molekulargewicht trockener Luft beträgt ca. 29 , während das des Wasserdampfes 18 beträgt. Daraus resultiert, daß *trockene Luft schwerer ist als Wasserdampf* und daß *feuchte Luft leichter sein muß als trockene Luft,* da diese Wasserdampf enthält. Wäre das nicht so, so könnte über einer Wasserfläche keine Verdunstung stattfinden, denn es würde innerhalb kürzester Zeit direkt über der Wasseroberfläche eine Feuchtigkeitssättigung der Luft eintreten, weil die feuchte Luft über dem Wasser schwerer wäre, als die darüber lagernde trockene Luft.

2.0 Aufbau der Atmosphäre

Die Atmosphäre, die die Erde als dünner Luftmantel umhüllt und die der Erdrotation folgt, kann man nach verschiedenen Gesichtspunkten untergliedern. Nehmen wir z.B. die Zusammensetzung der Luft (nach 1.1), so kann man die unteren 80 km wegen der gleichmäßigen Zusammensetzung infolge ständiger Durchmischung der Luft als **Homosphäre** (homo=gleich) bezeichnen. Über 80 km Höhe treffen wir dann, wie schon erwähnt, einen Zustand an, der als "Diffusionsgleichgewicht" bezeichnet wird, das heißt, die schweren Gase oder Elemente orientieren sich dem Schwerefeld der Erde folgend nach unten, während die leichteren nach oben tendieren. Deshalb wird diese Schicht **Heterosphäre** genannt, die dann in die **Metasphäre** (meta = zwischen) und **Protosphäre** (proton = Wasserstoffkern) übergeht. Für die Zwecke der Meteorologie nimmt man jedoch eine andere Unterteilung vor, die wir uns genau einprägen sollten.

Innerhalb der **Atmosphäre** treten **mit zunehmender Höhe** bestimmte **Temperaturwechsel** auf, die die Atmosphäre in **fünf Hauptschichten** aufteilen. Gleichzeitig steuern sie die vertikalen (senkrechten) Luftbewegungen. Diese Änderungen des Temperaturverlaufs sorgen auch dafür, daß die Luftmassen der einzelnen Schichten recht scharf voneinander getrennt werden und sich kaum vermischen können (siehe Abb. 2). Doch nun zu den verschiedenen '**Stockwerken**' unserer Atmosphäre.

2.1 Die Troposphäre

Dieser Teil der Atmosphäre reicht im Schnitt im mitteleuropäischen Raum bis zu einer Höhe von 36000 Fuß (11 km) und ist die dünnste, aber gleichzeitig aktivste Schicht. Es ist schon lange bekannt, daß sich in ihr *das gesamte Wettergeschehen* abspielt. Darüber - in der Stratosphäre - gibt es keine Wolken und keinen Dunst mehr. Unsere modernen Düsenverkehrsflugzeuge fliegen dort am Tage bei strahlendem Sonnenschein und klarem Himmel mit fast unbegrenzter Flugsicht.

Dem ständigen **Wechsel** des Wettergeschehens verdankt das unterste Stockwerk seinen Namen *'Troposphäre'*. Diese Bezeichnung stammt von dem griechischen Wort 'tropein', das soviel bedeutet, wie: sich ändern oder sich wenden.

Die Troposphäre ist eine Zone ständiger Umwälzungen der Luft. Wie schon erwähnt, reicht sie in unseren Breiten bis zu einer Höhe von 36000 Fuß (11 km) hinauf.

Der **Luftdruck** nimmt in der Troposphäre mit zunehmender Höhe, vom Normalwert **1013,2 hPa in Meereshöhe** ausgehend, zunächst recht schnell und dann langsamer bis auf **225 hPa in 36000 Fuß (11 km)** Höhe ab. Schon in 18000 Fuß (5500 m) Höhe hat sich der Luftdruck um die Hälfte verringert (siehe Abb. 1).

Ähnlich verhält es sich mit der **Luftdichte**. Die Troposphäre enthält demnach ca. 75 % (also 3/4) der gesamten Atmosphären-Luftmasse.

Die **Temperatur** sinkt mit zunehmender Höhe von 15° C am Boden bis auf -56,5° C an der Obergrenze der Troposphäre ab. Die Luft ist also nahe der Erdoberfläche durch den direkten Erdkontakt relativ warm. In unseren mittleren Breiten ist eine Jahresdurchschnittstemperatur von 15° C ermittelt worden. Mit zunehmender Höhe ergibt sich aus den eben genannten Werten (15° C am Boden / -56,5° C an der Obergrenze der Troposphäre) ein *Temperaturabfall von 0,65° C pro 100m Höhe* (= 2°C pro 1000 ft), bis schließlich *in 36000 Fuß (11km) Höhe* eine Temperatur von -56,5°C erreicht wird.

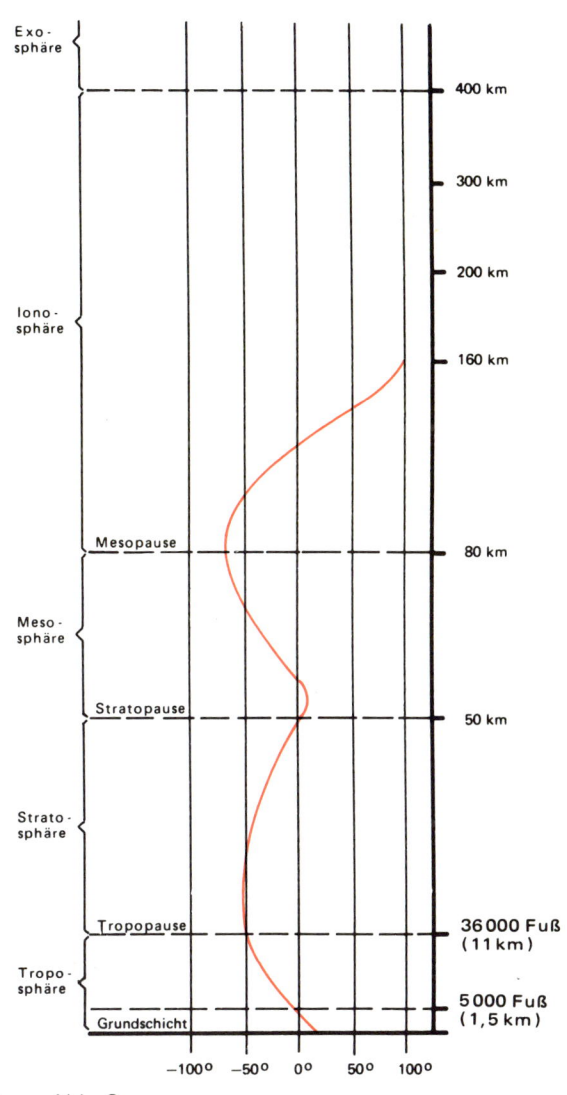

Abb. 2

Temperaturwechsel in der Atmosphäre

Bei diesen tiefen Höhentemperaturen kann die Luft nur noch kaum meßbare Spuren von Wasserdampf (Luftfeuchtigkeit) aufnehmen, der aus Verdunstungsvorgängen vom Erdboden oder von Wasserflächen in die Luft der Atmosphäre gelangt. Folglich nimmt auch die **Luftfeuchtigkeit** mit zunehmender Höhe ab, denn *je kälter* die Luft ist, *umso weniger Feuchtigkeit* kann sie aufnehmen. Bereits in 2000 m Höhe (ca. 6500 ft) finden wir nur noch die Hälfte des Bodenwertes vor. Die Luftbewegungen innerhalb der Troposphäre weisen beträchtliche Vertikalkomponenten (senkrechte Luftströmungen) auf. Man spricht deshalb auch von einer 'Zone der Luftumwälzungen'. Die eben genannten Werte für Luftdruck, Temperatur und Höhe gelten nur für die sogenannte ICAO - Normalatmosphäre (ISA), wie unter 3. 1) näher beschrieben. In der Atmosphäre herrschen tatsächlich jedoch Bedingungen, die insbesondere in bezug auf diese Mittelwerte der Normalatmosphäre starken Schwankungen unterliegen.

Vom Boden bis zu einer Höhe von ungefähr 1500 m (ca. 5000 ft) spricht man von einer **Grundschicht**, auch Peplosphäre genannt. In ihr werden die Strömungsverhältnisse und die Temperatur vom Erdboden her sehr stark beeinflußt. Nicht selten wird dieser 'feuchtkühle Mantel' von einer *Temperaturumkehrschicht (Inversion)* abgeschlossen, die als Obergrenze der Dunst- oder Wolkenschicht erkennbar ist.

Die **Tropopause**, in mittleren Breiten 36000 Fuß (11000m) hoch gelegen, bildet eine **Grenzfläche**, die das Wettergeschehen innerhalb der Troposphäre von der nächsthöheren Sphäre fernhält.
Hier endet der Temperaturabfall und geht in eine sogenannte **Isothermie** (Temperaturgleichheit trotz zunehmender Höhe) über (siehe auch Abb. 2).
Diese Grenzschicht (Tropopause) liegt nur in unseren mittleren Breiten in einer Höhe von ca. 36000 Fuß (11 km). Über den beiden Polen ist sie bei einer Temperatur von -40°C zwischen 20000 bis 26000 Fuß (6-8 km) und über dem Äquator bei einer Temperatur von -80°C in Höhen zwischen 53000 bis 59000 Fuß (16-18 km) zu finden (siehe Abb. 3).

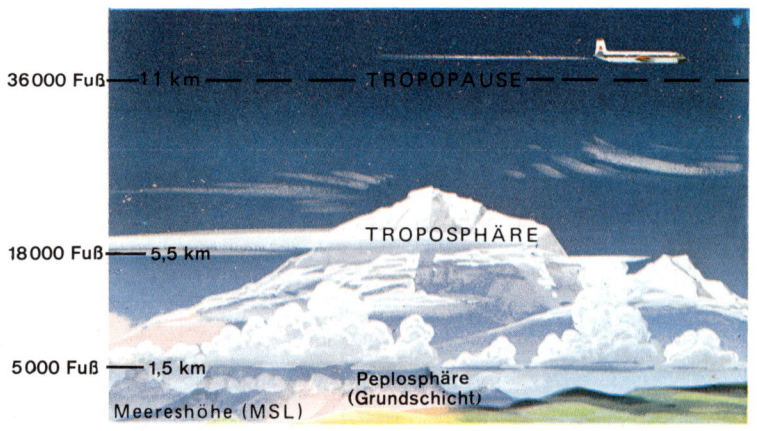

Die **Troposphäre** mit ihrer Grenzschicht, der Tropopause

Abb. 3

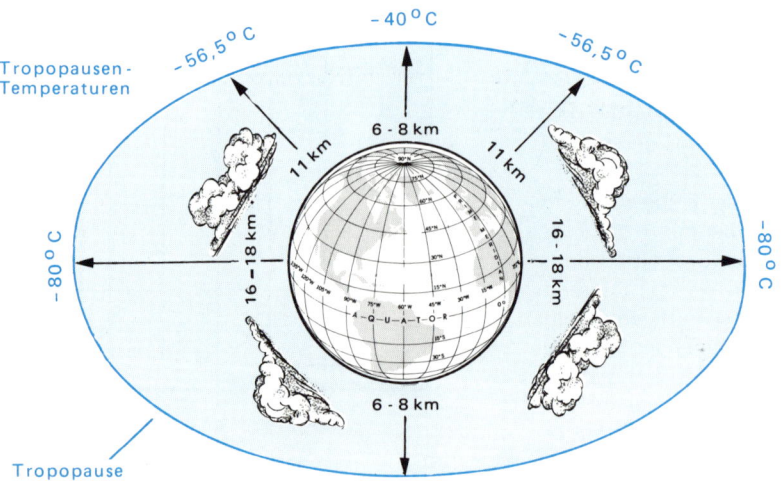

Schematische Darstellung der Troposphäre mit Tropopausenhöhen und Tropopausentemperaturen

Abb. 3a

2.2 Die Stratosphäre

Die Tropopause, in der die Temperatur mit zunehmender Höhe nicht mehr weiter abnimmt, ist bezüglich ihrer Höhenlage und der dort herrschenden Temperaturen jahreszeitlichen und luftmassenmäßigen Schwankungen (Pol/Äquator) unterworfen. Die nun einsetzende *Isothermie* (also **gleichbleibende Temperatur,** die wir uns mit **− 56,5° C** merken wollen) kennzeichnet den Beginn des nun folgenden Stockwerkes, das ***Stratosphäre*** (geschichtete Sphäre) genannt wird. In ihr folgt eine weitere **Druckabnahme bis auf 1 hPa.** Dieser Druckwert wird an der Obergrenze in **etwa 50 km Höhe** erreicht.

Wegen des jetzt völlig f e h l e n d e n W a s s e r d a m p f g e h a l t s und des hier herrschenden S t r a h l u n g s g l e i c h g e w i c h t s (keine Wolken, kein Dunst), bleibt die Temperatur in der gesamten Stratosphäre etwa gleich und nimmt nur in den oberen Schichten wieder zu. Niemals tritt jedoch ein weiterer Temperaturabfall auf. Deshalb findet man hier - im Gegensatz zur Troposphäre - nur horizontale Luftbewegungen ohne größere Turbulenzerscheinungen vor. Aus diesem Grunde und wegen des völlig fehlenden H_2O - Dampfes in der Luft kann in der Stratosphäre kein Wettergeschehen stattfinden. Die in den o b e r e n Schichten auftretende Temperaturzunahme bis zu Temperaturen um 50°C ist auf das Vorhandensein von Ozon (O_3) zurückzuführen.

In der Schicht zwischen 20 und 50 km enthält die Luft einen kleinen, aber sehr wichtigen, Anteil von Ozon. Dieses Gas ist imstande, das ultraviolette Licht der Sonnenstrahlung sehr wirkungsvoll zu absorbieren. Die kurzwellige, schädliche Strahlung der Sonne wird teilweise durch Ozonbildung verbraucht und kann so nicht auf die Erdoberfläche gelangen. Die bei der Umwandlung von etwa jedem millionsten zweiatomigen Sauerstoffmolekül (O_2) in ein dreiatomiges Sauerstoffmolekül (O_3 = Ozon) hier verbleibende Energie der Sonnenstrahlung heizt die Luft in dieser Schicht bis zu den erwähnten Werten auf (Abb.2). Die obere Grenze der Ozonkonzentration liegt in etwa 50 km Höhe. Darüber wird es wieder kälter. Aus diesem Grunde nennt man die dünne Schicht zwischen 45 und 50 km Höhe, in der die Temperatur sich umkehrt (also wieder abnimmt) *Stratopause*.

Wegen ihrer Bedeutung für das Leben auf der Erde (Absorption der kurzwelligen, ultravioletten Strahlung) bezeichnet man die von 20 bis 50 km reichende Ozonschicht auch als *Ozonosphäre*.

2.3 Die Mesosphäre (griechisch: Mittel)

In der nun folgenden **Mesosphäre** setzt sich der in den oberen Schichten der Stratosphäre (Ozonosphäre) beobachtete Temperaturanstieg nicht mehr fort. Nach einem möglichen Maximum von 50° C in der Stratopause (50 km Höhe) fällt die Temperatur in der Mesosphäre bis zur Obergrenze in 80 km auf − 70° C ab. Der **Luftdruck** verringert sich von **1 hPa in 50 km Höhe** (Stratopause) bis auf **1/100 hPa** an der Obergrenze der Mesosphäre **in 80 km Höhe.**

In der Mesosphäre treten zeitweise sehr hohe Windgeschwindigkeiten auf. So hat man zum Beispiel über Japan im Jahre 1961 Windgeschwindigkeiten in 55 km Höhe gemessen, die nahe an der Schallgeschwindigkeit (330 m / sec) lagen.

Die Obergrenze der Mesosphäre wird **Mesopause** genannt. Sie liegt in einer Höhe von 80 km. Somit hat die Mesosphäre fast die gleiche Mächtigkeit wie die Stratosphäre.

2.4 Die Ionosphäre (auch Thermosphäre)

Jetzt beginnt in 80 km Höhe das am weitesten ausgedehnte Stockwerk unserer Atmosphäre, das **'Ionosphäre'** oder auch **'Thermosphäre'** genannt wird. Hier nimmt der Luftdruck weiter bis **auf 1/1000 hPa in 100 km Höhe** ab und nähert sich dann immer langsamer dem Nullwert, der jedoch nicht genau bestimmbar ist. Die Luftdichte ist hier zwar sehr gering, aber doch größer als erwartet, denn in diesen Höhen wurden die ersten Erdsatelliten v o r z e i t i g abgebremst.

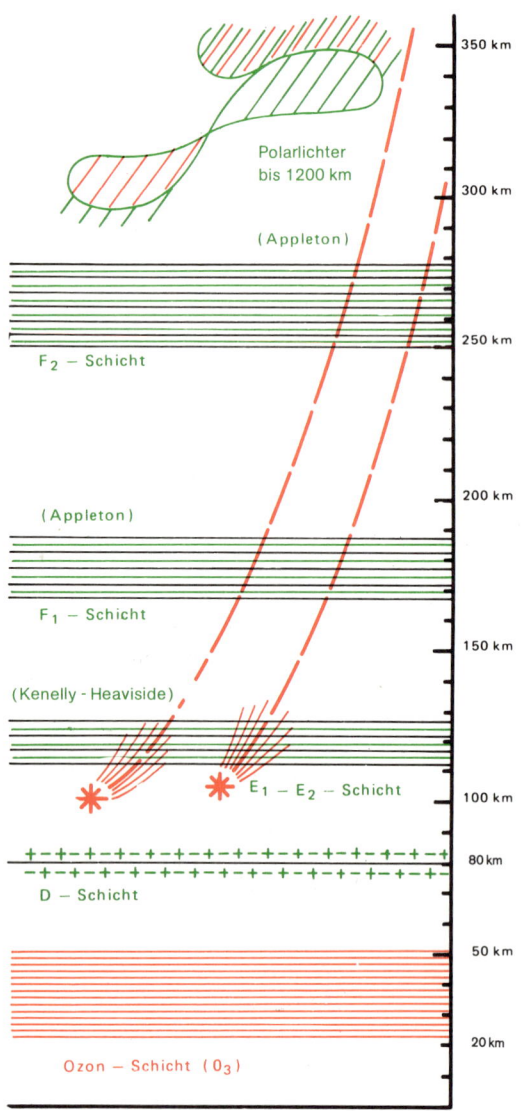

Die Geophysiker nennen diese mächtige Schicht, die von 80 km bis 400 km reicht, **'Ionosphäre'**, weil in ihr die kurzwellige Sonnenstrahlung eine Ionisation an den Stickstoff- und Sauerstoffatomen bewirkt, wodurch die Luft elektrisch leitend wird. Von einer einheitlich ionisierten Schicht kann man jedoch nicht sprechen. Vielmehr treten mehrere Schichten mit verschiedenen Eigenschaften und hoher elektrischer Leitfähigkeit auf, die als

$D 1$ -, $F 1$ und $F 2$, sowie $E 1$ und $E 2$ - Schicht

bezeichnet werden. Diese Schichten haben für den Funkverkehr eine sehr große Bedeutung, weil sie, die Kurzwellen (KW) zum Teil dämpfen (D-Schicht), aber auch reflektieren (F-Schichten) und so den Kurzwellenfunkverkehr rund um den Erdball ermöglichen.

Die **D-Schicht** liegt zwischen 80 und 100 km Höhe und bewirkt eine Dämpfung der Kurzwellen. Danach folgt die $E 1$ und $E 2$ - Schicht, die zwischen 100 km und 130 km anzutreffen ist; sie wird nach ihren Entdeckern auch **'Kenelly - Heaviside - Schicht'** genannt. Zwischen 250 und 400 km Höhe liegt die $F 2$ - Schicht, von der sich im Sommer und am Tage die $F 1$ - Schicht in ungefähr 170 km Höhe abspaltet. Diese F-Schichten reflektieren die Kurzwellen zur Erde zurück und werden - ebenfalls nach ihrem Entdecker - auch als die **'Appleton-Schichten'** bezeichnet.

Auf das Wettergeschehen wirken sich diese Vorgänge in der Ionosphäre kaum aus und sind insofern ohne größerer Bedeutung für den Meteorologen. Im Funkwesen (Ausbreitung von KW/MW) spielen sie aber eine große, ja sogar wesentliche, Rolle. Wir werden uns im Band 4 B 'Funknavigation' noch einmal näher damit zu befassen haben.

Abb. 4 — Die Ionenschichten der Ionosphäre

Die **Polar- oder Nordlichter,** die auch in diesem Stockwerk der Atmosphäre auftreten und manchmal bis 1200 km hinaufreichen, geben anhand der sogenannten 'Spektralanalyse' Auskunft darüber, daß in diesen großen Höhen noch Stickstoff (N_2) und Sauerstoff (O_2) in der extrem dünnen 'Luft' vorkommen.

Ihren zweiten Namen - nämlich **'Thermosphäre'** - hat diese Schicht der Tatsache zu verdanken, daß die sehr dünne 'Luft' in Höhen über 80 km sehr schnell aufgeheizt wird und ihre Temperatur dabei sehr starken Schwankungen unterliegt. Man kann aber in diesen Höhen nicht mehr von Temperaturen, wie wir sie uns vorstellen, sprechen, denn wegen der unvorstellbar dünnen Luft (geringen Luftdichte) kann kein Wärmeaustausch mehr stattfinden und ein Mensch müßte ohne einen schützenden Raumanzug trotz der hohen Temperaturen (in 220 km rund 1000° C) erfrieren.

2.5 Die Exosphäre (äußere Sphäre)

Oberhalb 400 km beginnt schließlich die *Exosphäre*, deren Name soviel wie 'äußere' Sphäre bedeutet. Ihre Oberschicht läßt sich nicht genau definieren, weil die 'Luft' extrem dünn geworden ist und diese äußere Schicht ganz erheblichen Gezeitenschwingungen der Atmosphäre ausgesetzt ist. Eigentlich hat sie überhaupt keine Obergrenze, da die äußeren Teile unserer Atmosphäre hier langsam und kaum bemerkbar in die Gase des interplanetaren Raums übergehen.

2.6

Wir haben die Atmosphäre entsprechend der Änderungen im Temperaturverlauf in die verschiedenen Sphären (Stockwerke) eingeteilt (siehe auch Temperaturkurve in Abb.5), weil sie in den genannten Höhen entweder durch eine *Isothermie* (Temperaturgleichheit mit zunehmender Höhe) oder eine *Inversion* (Temperaturumkehrschicht) die Luftmassen der einzelnen Sphären sehr wirkungsvoll voneinander trennen. Man kann solche Änderungen im Temperaturverlauf als *Sperrschichten* betrachten, die vertikale (senkrechte) Luftbewegungen hemmen oder völlig zum Stillstand bringen. Wenn der Temperaturabfall mit zunehmender Höhe aufhört und die Temperatur in den darüberliegenden Luftschichten wieder zunimmt (Inversion) oder auch nur gleichbleibt (Isothermie), sind solche Bedingungen gegeben. Für das Verständnis vieler Wettervorgänge sind solche Inversionen oder Isothermien von sehr großer Bedeutung. Wir werden sie deshalb in den folgenden Kapiteln noch ausführlich behandeln.

2.7 Die ICAO-Normalatmosphäre (ICAO-Standardatmosphäre)

Um **einheitliche** Werte für die **Eichung von Instrumenten** (Höhenmesser, Fahrtmesser usw.) und die **Festlegung von Leistungsdaten** für Flugzeuge zu haben, hat die ICAO (International Civil Aviation Organisation) eine sogenannte **ICAO-Normalatmosphäre** für solche Zwecke eingeführt.

Die **Daten** dieser ICAO-Standardatmosphäre sind **auf eine Breite von 45°** bezogen und stellen **Mittelwerte** aller in der Atmosphäre vorkommenden Zustände dar. Diese Mittelwerte sind so festgelegt, daß immer auftretende Abweichungen sich nicht in Form allzugroßer Fehler (z.B. beim Höhen- und Fahrtmesser) auswirken.

Die **ICAO-Normalatmosphäre** weist **folgende Grunddaten auf:**

1. **Luftdruck** in NN (MSL)	=	1013,25 hPa (29,92 inches Hg)
2. **Lufttemperatur** in NN (MSL)	=	15° Celsius
3. **Relative Luftfeuchte**	=	0 %
4. **Dichte** in NN (MSL)	=	1,225 kg pro m^3
5. **Temperaturabnahme** (Gradient)	=	2°C pro 1000 ft (0,65°C pro 100 m)
6. **Tropopausenhöhe**	=	36 000 Fuß (11 km)
7. **Tropopausen-** (Stratosphären) temperatur	=	−56,5°C
8. **Isothermie bis 25 km**, darüber Temperaturzunahme mit wechselnden Gradienten. Die Luftzusammensetzung bis 80 km in allen Höhen gleich (**siehe Abb.2**).		

Den *Aufbau der Atmosphäre* zeigt in allen wesentlichen Details die nachstehende Darstellung:

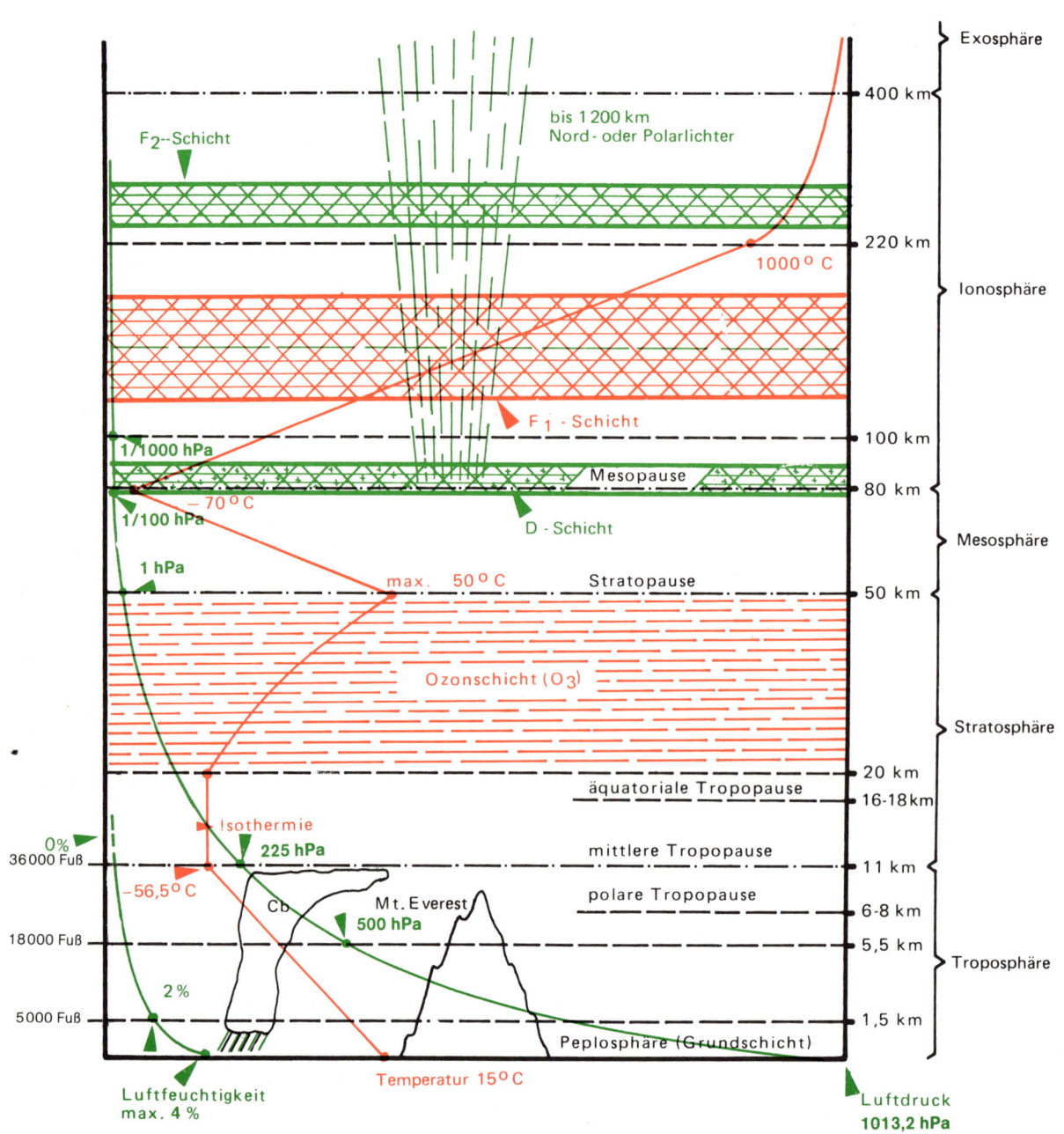

Abb. 5   Aufbau der Atmosphäre

3.0 Die Lebensbedingungen in unserer Atmosphäre

3.1 Unsere Atmosphäre enthält ca. 21 % des für das Leben auf der Erde erforderlichen **Sauerstoffs (O_2)**. Dieser Anteil des Sauerstoffs - ungefähr ein Fünftel des gesamten Luftvolumens - ist der Brennstoff des menschlichen Lebens. Der Druck, den dieser Sauerstoff als T e i l d r u c k (Partialdruck) in der Atmosphäre ausmacht, beträgt ebenfalls e i n F ü n f t e l d e s G e s a m t d r u c k s der Atmosphäre in jeder beliebigen Höhe.

Die Lungen des Menschen absorbieren den Sauerstoff a b h ä n g i g v o m T e i l d r u c k (Partialdruck) des Sauerstoffs in der Atmosphäre. Der Mensch ist normal daran gewöhnt, den Sauerstoff mit einem Druck von ungefähr 200 hPa (Teildruck des Sauerstoffs in Meereshöhe) zu absorbieren. Wenn nun mit z u n e h m e n d e r H ö h e auch der Partialdruck des Sauerstoffs a b n i m m t, so gerät der Mensch zunächst in einen Erschöpfungszustand und bei körperlicher Anstrengung (Bergsteigen in größeren Höhen) in A t e m n o t. I n n o c h g r ö ß e r e n H ö h e n läßt die S e h k r a f t nach und der Mensch wird langsam (ohne es zu bemerken) **bewußtlos**! Beim Fliegen muß daher der Sauerstoffteildruck in größeren Höhen den menschlichen Erfordernissen angepaßt werden. Diese A n p a s s u n g kann auf z w e i A r t e n geschehen:

      a) Durch E r h ö h u n g d e s D r u c k s in einer nach außen luftdichten Kabine (**Druckkabine**)
      b) Durch Zufuhr reinen Sauerstoffs zur Atemluft **mit einer Atemmaske**.

Bei der zuletzt genannten Methode ist jedoch zu beachten, daß der Mensch normalerweise auch bei hohem Sauerstoffanteil der Atemluft - nehmen wir einmal 50 % an - in Höhen um 43000 ft (13000 m) bewußtlos wird, wenn keine D r u c k k a b i n e oder kein D r u c k a n z u g vorhanden sind. Wir wollen uns aus diesem Grunde generell einprägen:

Der in größeren Höhen auftretende S a u e r s t o f f m a n g e l
ist für den Menschen e i n e a k u t e G e f a h r (L e b e n s g e f a h r !).

Die Luftfahrtmedizin unterscheidet dabei für den normalen (untrainierten) Menschen, der es gewöhnt ist im Meeresniveau genügend Sauerstoff vorzufinden, zwischen einzelnen **H ö h e n s c h w e l l e n**, bei denen bestimmte Symptome auftreten:

3.2 Die R e a k t i o n s s c h w e l l e (6500/10000 ft bzw. 2000/3000 m)

Je nach Veranlagung - oder jeweiliger körperlicher Verfassung - wird der Mensch schon an der u n t e r e n S c h w e l l e oder an der o b e r e n S c h w e l l e eine erste R e a k t i o n infolge des verringerten Sauerstoffgehalts der Luft an sich beobachten können. M ü d i g k e i t oder frühzeitige E r s c h ö p f u n g machen sich bemerkbar. Fast jeder Mensch kann jedoch - vorausgesetzt, daß er gesund ist - das Sauerstoffdefizit in diesen Höhen durch s c h n e l l e r e s A t m e n ausgleichen. In den Druckkabinen unserer modernen Düsenverkehrsflugzeuge wird deshalb mindestens der Druck und der Sauerstoffgehalt durch Kompressoren erzeugt und konstant gehalten, der einer Höhe von ungefähr 6500 ft (2000 m) entspricht.

3.3 Die S t ö r u n g s s c h w e l l e (13000/16500 ft bzw. 4000/5000 m)

In diesen Höhen machen sich aufgrund des fast um die H ä l f t e verringerten S a u e r s t o f f - P a r t i a l d r u c k s echte **Funktionsstörungen** im menschlichen O r g a n i s m u s bemerkbar. Die Fähigkeit schnell und logisch zu entscheiden, ist stark beeinträchtigt oder n i c h t m e h r vorhanden. Daher gilt folgendes:

      Flugzeugführer von Luftfahrzeugen o h n e D r u c k k a b i n e müssen unbedingt
      v o r E r r e i c h e n dieser S t ö r u n g s s c h w e l l e ein **Sauerstoffgerät bereit-**
      halten und - zumindest in Intervallen - b e n u t z e n (**Sauerstoffdusche!**).

3.4 Die k r i t i s c h e S c h w e l l e (20000/23000 ft bzw. 6000/7000 m)

L u f t d r u c k u n d L u f t d i c h t e sind in diesem Höhenband **unter die Hälfte des Bodenwertes** abgesunken. Ebenso ist der S a u e r s t o f f g e h a l t der Luft entsprechend geringer geworden.

Merke: Der nun akute S a u e r s t o f f m a n g e l kann
gesundheitsschädliche F u n k t i o n s s t ö r u n g e n oder gar
L ä h m u n g s e r s c h e i n u n g e n im Organismus hervorrufen!

3.5 Die Todesschwelle (20 000 / 23 000 ft bzw. 6 000 / 7 000 m)

Auch ein geübter Bergsteiger kann sich in diesen Höhen nicht unbegrenzt lange aufhalten. Der hier zur Verfügung stehende Sauerstoff reicht bei einem längeren Aufenthalt nicht mehr zum Leben aus. Die **kritische Schwelle** (siehe 3.4) ist also in Abhängigkeit von der Zeit auch die Todesschwelle.

3.6 Die Biologische Schwelle (40 000 / 43 000 ft bzw. 12 000 / 13 000 m)

Auch ein Sauerstoffgerät ermöglicht dem Menschen kein unbegrenztes Aufsteigen in größere Höhen. Der Luftdruck hat an der Biologischen Schwelle so weit abgenommen, daß er nunmehr dem Blutdruck des Menschen entspricht. Das Blut beginnt zu sieden (sieden heißt: **Innendruck = Außendruck**). Ohne Druckanzug oder Druckkabine tritt nun im Blut **Gasbildung** auf. Der Mensch würde also an einer Gasembolie sterben (Gasbläschen gelangen über den Blutkreislauf ins Herz).

3.7 Zusammenfassung (nach LBA)

Leben, Funktion und Leistung des Menschen sind, wie hier dargestellt werden konnte, an eine begrenzte, erdnahe atmosphärische Umwelt gebunden. Beim Vordringen in größere Höhen wirkt sich die Änderung der Atmosphäre immer feindlicher auf den menschlichen Organismus aus. Die Temperatur nimmt ab, gleichzeitig verringert sich der Luftdruck und damit auch der Sauerstoffteildruck, wodurch es bei der Atmung schon in Höhen ab 13 000 ft (4 000 m) zu einer unzureichenden Sauerstoffversorgung im Organismus kommt. **Sauerstoffmangelsymptome** bei Luftfahrern sind die Folge, die eine **sichere Flugdurchführung** in Frage stellen können. Um nicht durch Sauerstoffmangel in einen psycho-physisch **insuffizienten Zustand** zu geraten, ist es notwendig, daß der Luftfahrer die **jeweilige Höhe** am Fahrtmesser beachtet. Bei Aufenthalten in 13 000 ft (4 000 m) und darüber sollte der sicherheitsbewußte Luftfahrer auf alle Fälle Sauerstoff einatmen, was entsprechende Sauerstoffgeräte an Bord voraussetzt. Wichtig ist aber vor allem, daß sich der Luftfahrer **vor dem Abflug vom gebrauchsfähigen Zustand** der Atemgeräte überzeugt und mit der Bedienungsweise vertraut macht. **Fehlt das Atemgerät** an Bord, so sollte aus Sicherheitsgründen die 13 000 Fuß-**Höhengrenze nicht** überschritten werden.

Motorsportflugzeuge, Segelflugzeuge und Freiballone besitzen im allgemeinen keine Druckkabinen, die die Insassen schützen. Umso notwendiger ist daher die Kenntnis der **höhenbedingten Risiken und Gefahren**, um ihnen wirksam begegnen zu können. Speziell beim Steuern von Luftfahrzeugen laufen viele Bedienungsvorgänge **reflexartig** ab. Der Luftfahrzeugführer muß wissen, daß die **Reflex-Intensität** (Reaktionsvermögen) bei **Sauerstoffmangel eine erhebliche Einbuße** erleidet. Darüberhinaus wird das Gefühl für die Lage im Raum durch Sauerstoffmangel negativ beeinflußt und dem Auftreten von **Flug-Illusionen und Desorientierungen** Vorschub geleistet, die sich unter entsprechenden Umständen unfallbegünstigend auswirken können.

Die **Zeitreserve**, die dem Luftfahrer beim Eindringen in größere und große Höhen vor dem Eintritt der **Bewußtlosigkeit** zu seiner Rettung bleibt, ist daher geradezu lebenswichtig. In der Zone der **unvollständigen Kompensation**, d.h. zwischen 13 000 und 16 500 Fuß (4 000/5 000 m), kann es schon in ein bis zwei Stunden zu **nachhaltigen Störungen** durch die **Höhenkrankheit** kommen. Die **Zeit verkürzt sich rapide mit zunehmender Höhe**, wie nachfolgende Aufstellung (**nach RUFF-STRUGHOLD**) zeigt:

In 23 000 Fuß (7 000 m)	nach 5 Minuten!
In 26 000 Fuß (8 000 m)	nach 3 Minuten!
In 29 000 Fuß (9 000 m)	nach 1,5 Minuten!
In 33 000 Fuß (10 000 m)	nach 1 Minute!
In 39 000 Fuß (12 000 m)	nach 30 Sekunden!
In 49 000 Fuß (15 000 m)	nach 10 Sekunden!

4.0 Der Wärmehaushalt der Atmosphäre

Alle Wettervorgänge und Bewegungen in der Atmosphäre haben ihren Ursprung in der Strahlungsenergie der Sonne, die auch für das gesamte Leben auf der Erde der wichtigste Faktor ist.

Die auf die Erde auftreffende Sonnenstrahlung und die von der Erde wieder ausgehende Strahlung sind so fein aufeinander abgestimmt, daß die Temperatur - über einen längeren Zeitraum betrachtet - kaum irgendwelchen Schwankungen unterworfen ist (E i n s t r a h l u n g = A u s s t r a h l u n g).
Örtlich und zeitlich treten allerdings sich in Grenzen bewegende Unterschiede auf, die in der Troposphäre das W e t t e r g e s c h e h e n verursachen.

4.1 Strahlungsenergie

Jeder Körper strahlt oder sendet elektromagnetische Wellen in einem Bereich aus, die seiner Temperatur entsprechen. Die Sonne mit ihrer hohen Oberflächentemperatur (ca. 6000° K) strahlt in einem Wellenbereich von 0,3 bis 3μ (μ = Mü – 1μ = 1/1000 mm), während die Erde mit ihrer sehr viel geringeren Temperatur in einem Bereich zwischen 3 und 80μ in den Raum ausstrahlt.

Die extrem kurzwellige Sonnenstrahlung hat eine weitaus größere Intensität als die langwellige Erdstrahlung, die dafür einen wesentlich größeren Wellenbereich umfasst. Bei der Strahlung handelt es sich im Gegensatz zur Wärmeleitung um eine Energieübertragung auf Distanz, die auch in einem Vakuum (luftleeren Raum) möglich ist.

Die Sonne sendet ununterbrochen einen Strahlungsstrom in den Weltraum aus. Es trifft jedoch nur ein Bruchteil der Gesamtstrahlung auf der der Sonne zugewandten Seite der Erde auf (ca. 1 Milliardstel). An der Oberfläche der Atmosphäre beträgt der Strahlungsstrom bei mittlerer Entfernung der Sonne von der Erde 2,00 cal/cm² min (± 0,04). Man nennt diesen Wert S o l a r k o n s t a n t e. Diese Wärmemenge würde ausreichen, um innerhalb eines Jahres eine 10 m dicke Eisdecke zu schmelzen.

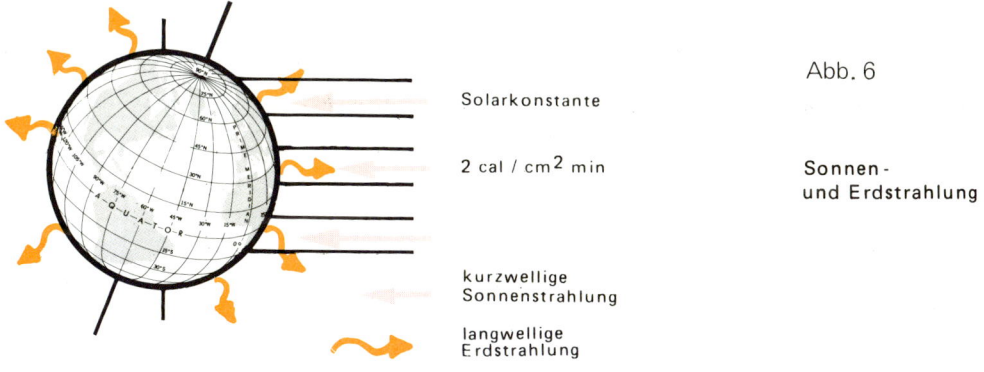

Abb. 6

Solarkonstante

2 cal / cm² min

kurzwellige Sonnenstrahlung

langwellige Erdstrahlung

Sonnen- und Erdstrahlung

Dringt die kurzwellige Sonnenstrahlung in unsere Atmosphäre ein, so erfährt sie im wesentlichen durch drei physikalische Vorgänge eine Abschwächung oder eine Beeinflussung. Man bezeichnet diese Abschwächung oder Beeinflussung allgemein als E x t i n k t i o n (Auslöschung, Schwächung).
Sie besteht jedoch, wie schon erwähnt, aus drei physikalischen Einzelvorgängen:

a) Die *Reflexion* findet an festen und flüssigen Bestandteilen der Luft und an der Erdoberfläche selbst statt (vor allem bei tiefstehender Sonne). Die kurzwellige Sonnenstrahlung wird durch die Reflexion nicht abgeschwächt, sondern erfährt nur eine R i c h t u n g s ä n d e r u n g!

Die von der Atmosphäre zurückgeworfene Strahlung der Sonne (Reflexion) macht ungefähr 42% der gesamten einfallenden Strahlung aus (siehe Abb. 7). Es geht also fast die Hälfte der Sonnenstrahlung durch die Reflexion verloren. Insbesondere die Wolken (g e s c h l o s s e n e Wolkendecken) reflektieren einen großen Anteil des einfallenden Sonnenlichts in den Weltraum zurück. Jeder, der schon einmal im Flugzeug über einer Wolkendecke geflogen ist, kennt die blendende Helligkeit dieser schneeweißen Decke, wenn die Sonne sie aus einem tiefblauen Himmel darüber bescheint. Bei entsprechender Mächtigkeit (Dicke) der Wolken werden bis zu 70 % der einfallenden Strahlung ins Weltall zurückgeworfen. Besonders diese extreme Reflexion an den Wolkendecken läßt unsere Erde (z.B. vom Mond aus beobachtet) wie einen Edelstein scheinen und glitzern.

b) *Die diffuse Zerstreuung der Sonnenstrahlung* (des Sonnenlichts) wird durch die Luftmoleküle verursacht. Die Luftmoleküle unserer Atmosphäre weisen die Größenordnung des blauen Spektralanteils des Sonnenlichtes auf. Deshalb lenken sie umso mehr blaues Licht aus dem weißen heraus, je mehr Moleküle zwischen der Sonne und einem Beobachter auf der Erde vorhanden sind. *So erklärt sich die blaue Himmelsfarbe, die umso dunkler wird, je höher man in die Atmosphäre vorstößt.*

Abends bei untergehender Sonne werden dickere Schichten der Atmosphäre durchstrahlt. Jetzt ist die Streuung des blauen Anteils im Sonnenlicht besonders groß, so daß der überwiegend rote Anteil, der direkt zu sehen ist, übrig bleibt (Abendrot).

Durch die Streuung des Sonnenlichts findet keine Energieumwandlung statt, sondern der blaue Himmel (Streuung des Sonnenlichts) liefert nur einen Anteil zur Gesamtstrahlung, die die Erdoberfläche trifft (Gesamtstrahlung = direkte + diffuse Sonnenstrahlung).

c) Bei der *Absorption der Sonnenstrahlung* findet eine direkte Umwandlung von Strahlungsenergie statt.

Von den Gasen der Atmosphäre absorbiert insbesondere das Ozon (O_3) innerhalb der Stratosphäre den kurzwelligen Anteil der Sonnenstrahlung (ultraviolette Strahlung). Deshalb heizt sich diese Schicht zwischen 20 und 50 km Höhe bis zu behaglichen Temperaturen auf (siehe 2.2 'Stratosphäre').

Auch Wolken oder Dunst (wenn vorhanden) absorbieren in geringem Maße, (in jedem Falle absorbiert der Erdboden selbst) die auftreffende Sonnenstrahlung.

Dadurch erwärmt sich der E r d b o d e n, nicht dagegen die L u f t !

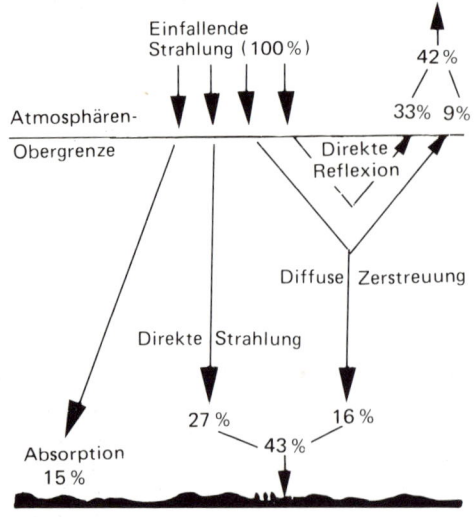

Abb. 7

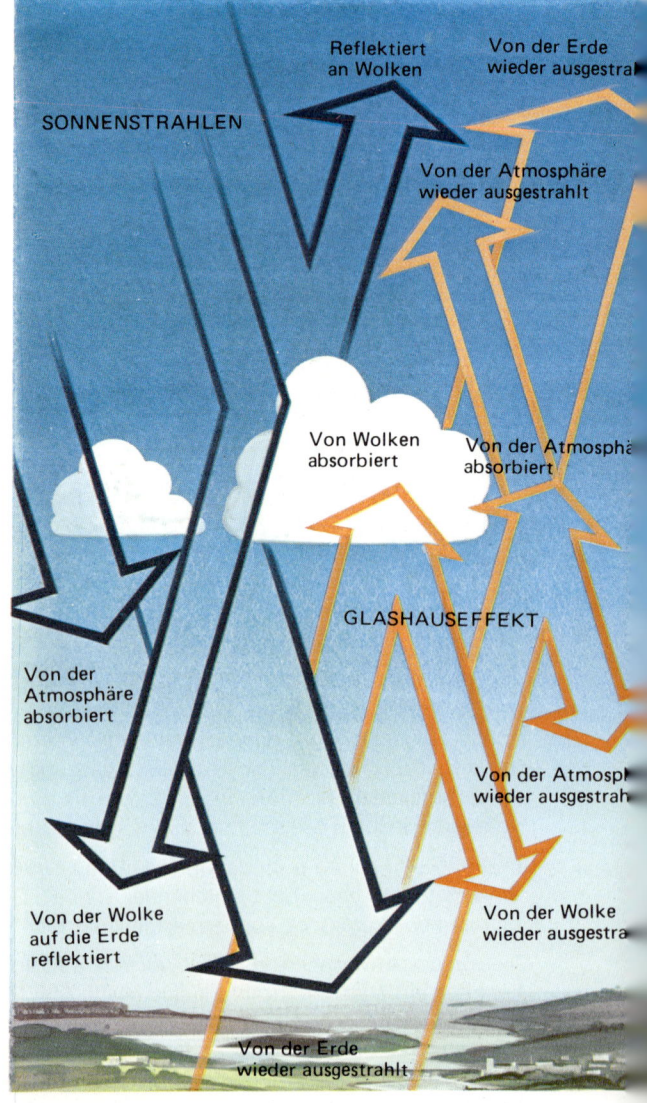

Abb. 8

Die in die Atmosphäre einfallende Sonnenstrahlung und ihre Ablenkung oder Abschwächung

4.2 Die Erdstrahlung

Der Erdboden sendet entsprechend seiner Temperatur (verglichen mit der Sonne) eine langwellige Strahlung aus. *Aufgrund dieser Ausstrahlung kühlt sich die Erdoberfläche ab.* Ausstrahlung bedeutet immer Energieverlust, der sich hier durch Temperaturabfall bemerkbar macht. Die starke Abkühlung des Erdbodens und der bodennahen Luftschichten während der Nacht beruht fast ausschließlich auf der Ausstrahlung der während des Tages aufgenommenen Wärme, die nun als langwellige Erdstrahlung in den Raum zurückgestrahlt wird.

Die langwellige Erdausstrahlung kann aber nicht vollständig in den freien Raum gelangen, da der Wasserdampfgehalt der Luft (unsichtbare Feuchtigkeit) einen Teil dieser Strahlung absorbiert. Der Wasserdampf in unserer Atmosphäre spielt auf diese Weise fast die gleiche Rolle wie das Glas eines Treibhauses (siehe 'Glashauseffekt'), das die einfallende kurzwellige Sonnenstrahlung gut durchläßt, die als langwellige Erdstrahlung wieder zurückgehende Energie jedoch durch Absorption daran hindert, wieder in den freien Raum zu gelangen. Auch Wolken absorbieren die Erdstrahlung erheblich und sorgen besonders nachts dafür, daß die wärmespendende Erdstrahlung nicht in das Weltall entweicht.

Abb. 9 kurzwellige Sonneneinstrahlung (hohe Temperaturen), ca. 75 % von Wolken reflektiert

Abb. 9a langwellige Erdstrahlung und deren Absorption durch Wolken

Die Lufterwärmung in der Troposphäre erfolgt nicht durch die Sonnenstrahlung, sondern geht im wesentlichen von der Erdoberfläche aus!

Folgende Vorgänge bewirken die Erwärmung der Luft innerhalb der Troposphäre:

a) Die direkte Wärmeleitung

Direkte Wärmeleitung sorgt nur für die Erwärmung der bodennahen Luftschichten, die direkten Kontakt mit dem Erdboden haben, denn *Luft ist ein guter Isolator* und deshalb ein *sehr schlechter Wärmeleiter.* Aus diesem Grund messen die meteorologischen Stationen die Lufttemperatur in 2 m Höhe, um den Einfluß der bodennahen überhitzten Luft auszuschalten (siehe 4.3 'Temperatur').

b) Die thermische Konvektion (oder kurz Thermik genannt)

Über verschieden bewachsenem Grund, über freien Sandflächen oder über Wasserflächen erwärmt sich die Luft verschieden stark. Höhere Temperatur der Luft verringert die Luftdichte. Auf diese Art wird ein Prozess eingeleitet, der in der Fachsprache 'thermische Konvektion' (Thermik) genannt wird. Zum Beispiel wird Luft über einer freien Sandfläche stärker erwärmt als die Luft über einem benachbarten Waldgelände. Die kühlere Luft des Waldgebietes (dichter und somit schwerer) verdrängt die stark erwärmte Luft der Sandfläche und zwingt sie zum Aufsteigen (siehe auch 'Land- und Seewind', Kapitel 10.0 'Wind'). Der über der Sandfläche lagernde 'Luftballen' fließt nach oben ab und das Nachströmen der kühleren Luft von den Seiten bewirkt dort ein Absinken der Luft aus der Höhe. Es bildet sich ein Luftkreislauf *(Aufsteigen über stark erwärmtem Gelände und Absinken über kühlerem Grund),* den man 'thermische Konvektion' oder kürzer 'Thermik' nennt.

c) Verdunstung mit anschließender Kondensation (siehe 'Aggregatzustände' Abb. 25)

Enthält die durch diesen Vorgang aufsteigende Luft **vom Erdboden in die Luft hinein verdunstende Feuchtigkeit** und nimmt sie diese mit in größere Höhen hinauf, so wird sie irgendwann bei entsprechender Abkühlung kondensieren (Kondensationsniveau) und es werden sich hierbei Wolken bilden.

Bei der Verdunstung der Feuchtigkeit in die Luft hinein findet ein W ä r m e v e r b r a u c h durch Verdunstung statt. Wenn nun nach entsprechender Abkühlung beim Aufstieg der Luft das Kondensationsniveau erreicht ist und sich Wolken bilden, wird die bei der Verdunstung am Erdboden verbrauchte Wärme wieder frei. Wir merken uns also:

> Beim Kondensationsvorgang wird die bei der Verdunstung
> in die Luft hineinverbrauchte Wärme wieder frei!

Lösen sich die durch Kondensation gebildeten Wolken aus irgendeinem Grunde auf,

> so wird die gerade f r e i gewordene Wärmemenge
> exakt für den Verdunstungsvorgang wieder verbraucht.

Fällt aber aus einer so entstandenen Wolke Niederschlag aus, so können wir in der Höhe von einem echten Wärmezuwachs sprechen. Anhand der Niederschlagsmenge läßt sich also auf den Wärmezuwachs in der Höhe schließen. Je mehr Niederschlag ausfällt, umso mehr Wärme wird der Luft in der Höhe zugeführt (freiwerdende Kondensationswärme).

> Die Verdunstung mit anschließender Kondensation
> ist der bedeutendste Faktor für die Erwärmung der Luft!

d) Erwärmung der Luft durch Turbulenz (Vermischung)

In der Troposphäre besteht immer - auch bei sehr kleinen Windgeschwindigkeiten - eine mehr oder weniger starke Turbulenz. Sie sorgt dafür, daß die Luft bis in größere Höhen laufend durchmischt wird. Diese Turbulenz wirkt sich besonders nachts, wenn bodennahe Kaltluftschichten vorhanden sind, aus (siehe auch Bodeninversionen). Sie verhindert dann - trotz starker Ausstrahlung - die Bildung von Bodeninversionen mit ausgeprägter Kaltluftschicht in Bodennähe (Nebelgefahr), weil die Luft durch die Turbulenz vermischt wird.

*e) Erwärmung der Luft durch Absorption eines Teiles der Erdstrahlung
   durch den Wasserdampfgehalt der Luft*

Der Wasserdampfgehalt der Luft absorbiert einen bestimmten Bereich der langwelligen Erdstrahlung. Wäre diese unsichtbare Feuchtigkeit in Form von Dampf nicht in der Troposphärenluft vorhanden, so ginge die Strahlung der Erde - wie schon vorher erwähnt - in das Weltall verloren.
In klaren Nächten - mit geringer Luftfeuchtigkeit - tritt deshalb eine s e h r s t a r k e A b k ü h l u n g auf (im Herbst und Winter Frostgefahr), da die Erdstrahlung fast ungehindert ins All entweichen kann. Enthält die Luft jedoch v i e l W a s s e r d a m p f, oder liegt eine ziemlich geschlossene Wolkendecke über einem größeren Gebiet, so wird die Abkühlung nicht sehr groß sein. Der Wasserdampf kann als absorbierendes Medium auch wieder Strahlung abgeben, was wie folgt geschieht: Er strahlt an seiner Obergrenze Wärme aus (deshalb z.B. die tiefen Temperaturen oberhalb der stark wasserdampfhaltigen Troposphäre über dem Äquator) und bewirkt eine G e g e n s t r a h l u n g zum Erdboden zurück. Diese Wirkung des Wasserdampfs wird

Glashaus- oder Treibhauseffekt genannt, weil, wie in einem Treibhaus die einfallende Sonnenstrahlung gut hindurchgelassen wird, aber die als langwellige Erdstrahlung wieder zurückstrebende Energie vom Glas des Treibhauses fast vollständig absorbiert wird.

Als Folge dieses Effektes e r w ä r m t s i c h d i e
L u f t i m G l a s h a u s b e t r ä c h t l i c h.

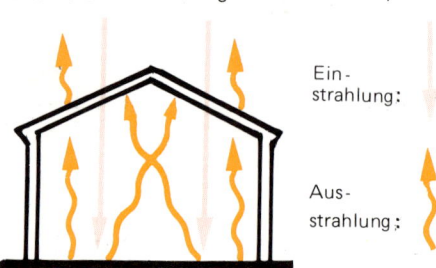

Abb. 10   Der Glashaus- oder Treibhauseffekt

Eine ähnliche Rolle, wie das Glas des Treibhauses, spielt der Wasserdampfgehalt der Luft bezüglich der Strahlungsverhältnisse am Erdboden. W a s s e r d a m p f (damit ist das gasförmige, durchsichtige Wasser in Dampfform und nicht etwa Dampfschwaden feinster Wassertröpfchen, wie etwa in unserer Waschküche oder im Nebel gemeint) ist für den größten Teil der Infrarotstrahlung undurchsichtig. Da unsere langwellige Erdstrahlung auch eine Infrarotstrahlung ist, wird sie zum größten Teil vom Wasserdampf absorbiert. I n d e n W e l l e n l ä n g e n, in denen der Wasserdampf die Erdstrahlung absorbiert, strahlt er selbst auch - seiner Temperatur entsprechend - Wärme aus.

Ein Teil der Ausstrahlung des Wasserdampfs geht nach oben in das Weltall verloren, während der größere Teil als G e g e n s t r a h l u n g zum Erdboden hin z u r ü c k g e s t r a h l t wird. Deshalb finden wir in der u n t e r e n Troposphäre fast immer behagliche Temperaturen vor (auch nachts bei starker Ausstrahlung).

Das Kohlendioxyd (als Folge von Verbrennungsvorgängen gebildet) hat ähnliche Eigenschaften wie der Wasserdampf. Die in den letzten Jahren registrierte ständige Zunahme des Kohlendioxyd in der Troposphäre gibt zu Spekulationen Anlaß, die darin gipfeln, daß hierdurch die tieferen Sommer- und die höheren Wintertemperaturen in Mitteleuropa verursacht werden.

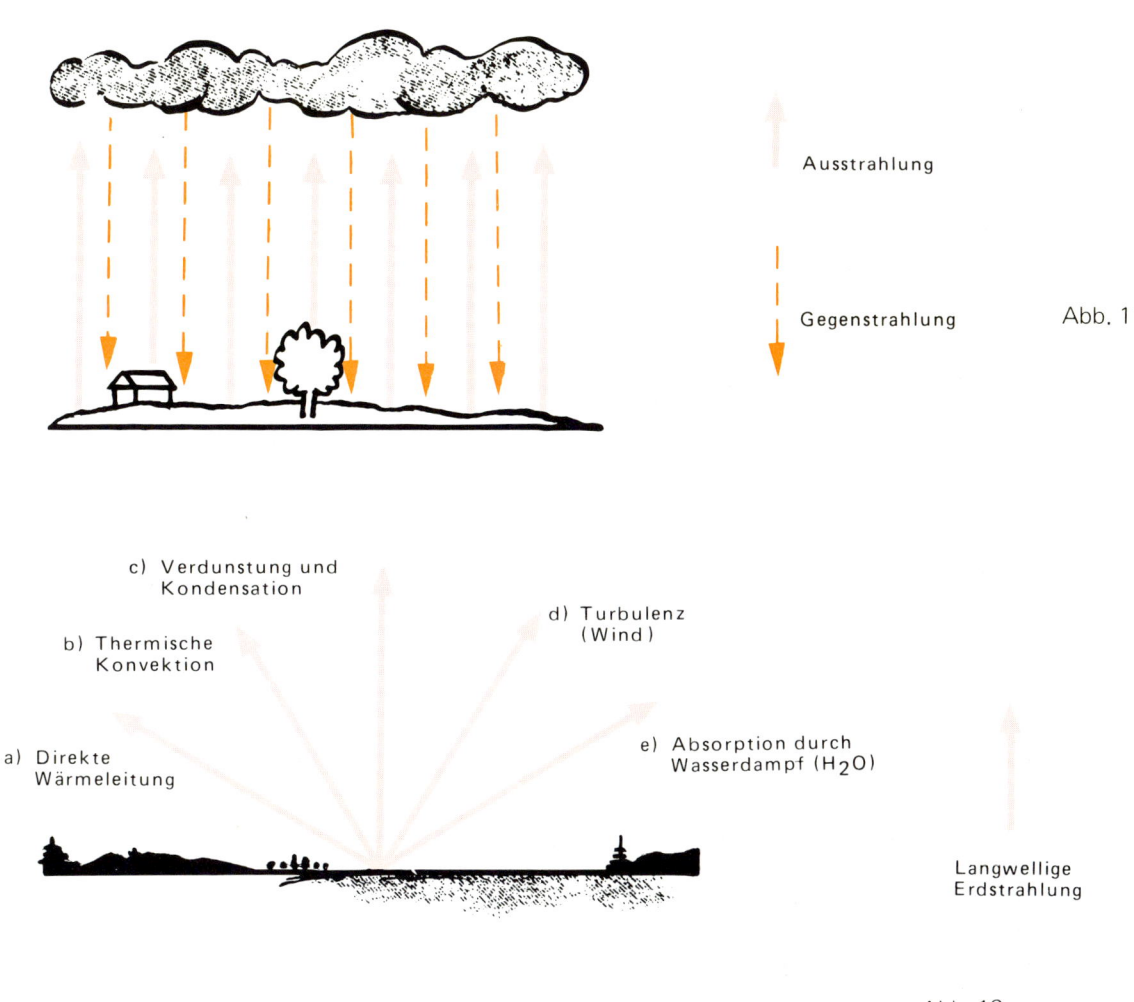

Treibhauseffekt des Wasserdampfes

Ausstrahlung

Gegenstrahlung   Abb. 11

c) Verdunstung und Kondensation

d) Turbulenz (Wind)

b) Thermische Konvektion

a) Direkte Wärmeleitung

e) Absorption durch Wasserdampf (H_2O)

Langwellige Erdstrahlung

Wärmeübertragung vom Erdboden an die Luft   Abb. 12

Wir fassen noch einmal kurz zusammen:

Fast Dreiviertel der Ausstrahlung, die vom Erdboden aus erfolgt, werden normaler Weise durch die G e g e n s t r a h l u n g (Abb. 11) aufgehoben. Die Gegenstrahlung zurück zur Erde hängt dabei von der Temperatur des strahlenden Wasserdampfes ab. Ist viel Wasserdampf in der Luft vorhanden, dann kommt die Gegenstrahlung aus niedrigen Luftschichten, die nicht viel kälter sind als die Luft am Boden. Die Gegenstrahlung wird hier also sehr groß sein.(z.B. in den feuchten Tropengebieten).

Wie wir alle wissen, wird es in den Wüstengebieten unserer Erde nachts sehr kalt. Die Erklärung hierfür ist recht einfach: Hier ist sehr wenig Wasserdampf in der Luft. Die Gegenstrahlung kommt aus großen Höhen, wo es sehr kalt ist. Sie ist deshalb sehr schwach und der größte Teil der Ausstrahlung entweicht in den freien Raum (Weltall).

Ist der Himmel n a c h t s b e w ö l k t, so absorbieren die feinen Wassertröpfchen der Wolken den größten Teil der Ausstrahlung (neben dem unsichtbaren Wasserdampf) und lassen kaum etwas davon ins Weltall entweichen. Die G e g e n s t r a h l u n g ist g r ö ß e r als bei klarem Himmel und die ü b l i c h e nächtliche Abkühlung wird m e r k l i c h v e r r i n g e r t.

Bei diesen Strahlungsvorgängen spielt der Erdboden die a k t i v e R o l l e. Von ihm geht jede Erwärmung und Abkühlung aus. Die Luft wird also nicht dadurch erwärmt, daß sie Wärme unmittelbar aus der Sonnenstrahlung aufnimmt, sondern *am Tage wird der Erdboden von der Sonne erwärmt*. Von dieser natürlichen Heizplatte wird die Wärme an die Luft abgegeben, und zwar durch:

a) direkte Wärmeleitung - b) thermische Konvektion (Thermik) - c) Verdunstung und Kondensation - d) Turbulenz (Wind) - e) Absorption durch Wasserdampf (H_2O)

Im Frühjahr und Herbst treten in klaren, windstillen Nächten s t a r k e A b k ü h l u n g e n in Bodennähe ein. Es sind nun Boden- oder Strahlungsfröste bis $-5°C$ möglich, wenn die Bildung von k a l t e n L u f t s c h i c h t e n durch Ausstrahlung in Bodennähe nicht durch Wind gestört wird. Wird dabei der Taupunkt der Luft erreicht, so bilden sich Bodennebel, Tau oder, bei Temperaturen unter $0°C$ Reif. Dies ist besonders da möglich, wo kalte Luft zusammenfließt, nämlich in Flußtälern und Bodensenken (siehe auch 8.0 'Nebelbildung').

4.3 D i e h o r i z o n t a l e T e m p e r a t u r v e r t e i l u n g

Die Höhe der Lufttemperatur wird bestimmt:

am Tage (und im Sommer) durch die Sonneneinstrahlung
und
bei Nacht (und im Winter) durch die Bodenausstrahlung

Hierzu müssen wir uns nun verschiedene Abhängigkeitsfaktoren ansehen, die in den nachstehenden vier Punkten behandelt werden:

a) Temperatur in Abhängigkeit von der geographischen Breite und der Jahreszeit

Der Tagbogen der Sonne weicht in den verschiedenen geographischen Breiten erheblich in Höhe und Länge voneinander ab. Das ergibt sich aus der Kugelgestalt der Erde und der Schrägstellung der Erdrotationsachse um etwa $23°$.

Senkrechter Sonnenstand über den Tropen (Äquator) mit hohen Temperaturen und im Sommer die 'Mitternachtssonne' nördlich des Polarkreises mit extrem diffuser Strahlung des Himmels sind die markanten Unterschiede zu der ausgewogenen Temperaturverteilung in unseren gemäßigten Breiten.

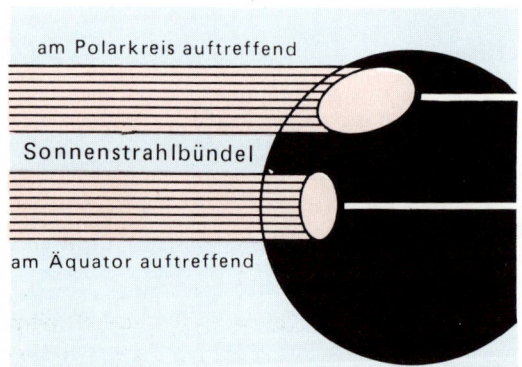

Unterschiedliche Erwärmung der Erdoberfläche am Äquator und in den Polargebieten. Das Strahlenbündel muß in den Polargebieten eine viel größere Fläche mit Wärmeenergie versorgen.

Abb. 13

b) Unterschiedliche Temperaturen durch verschiedene Bodenbeschaffenheit

Die örtlichen Temperaturen werden stark durch die Bodenbeschaffenheit beeinflußt. So erwärmt sich fester Boden mehr als eine Wasserfläche, trockener Boden mehr als feuchter und unbewachsener mehr als bewachsener Boden.

c) Temperatur in Abhängigkeit von der Bewölkung

Bewölkung behindert je nach Bedeckungsgrad die direkte Sonneneinstrahlung erheblich. Eine geschlossene Wolkendecke reflektiert bis zu 70% der Einstrahlung in das All zurück. Sie läßt andererseits aber auch die Ausstrahlung des Erdbodens nicht wirksam werden. Starke Bewölkung sorgt deshalb für ein ausgewogenes Temperaturverhältnis zwischen Tag und Nacht (keine hohen Tagestemperaturen und milde Nachttemperaturen).

d) Abhängigkeit der Temperatur von der Bodengestalt

Konkave Bodenformen (Täler) weisen größere Temperaturschwankungen auf als konvexe (Hügel, Berge). Weshalb? – In Tälern kommt es nachts zu starker Abkühlung, weil Kaltluft aufgrund der Ausstrahlung an den umliegenden Hängen in die Täler einfließt. Tagsüber erwärmen sich die Tallagen infolge geringeren Wärmeabtransports durch schlechte Ventilation stärker als das angrenzende Berggelände (drückende Hitze in Talkesseln).

Die 'geringe' Erdfläche auf den Bergen kann die umliegende Luft tagsüber nur begrenzt erwärmen. Nachts hingegen wirkt der Abkühlung durch Ausstrahlung der Kaltluftabfluß in die Täler und die damit verbundene Ventilation entgegen (siehe 10.0 'Wind').

5.0 Temperatur, Stabilität und Luftfeuchtigkeit

Die unterschiedliche Einstrahlung (Sonne) in den verschiedenen geographischen Breiten und die ungleiche Erwärmung von Land und Wasser (Kontinente und Ozeane) sind dafür verantwortlich daß sich in der Troposphäre **Luftmassen** ausbilden, die bezüglich der **Temperatur** und der **Feuchtigkeit** erheblich voneinander abweichen (siehe 11.0 'Luftmassen und Fronten').

Diese Luftmassen bestimmen fast ausschließlich das W e t t e r g e s c h e h e n für die Gebiete, ü b e r   d e n e n   s i e   l a g e r n   o d e r   ü b e r   d i e   s i e   w e g z i e h e n.
Mitteleuropa wird stark von feuchtmilden, m a r i t i m e n Luftmassen beeinflußt, die vom Atlantik über Großbritannien auf den Kontinent einfließen (Westwetterlage - siehe "Großwetterlagen) und die vom warmen Golfstrom geprägt sind. *Im Sommer* ist es deshalb bei uns vergleichsweise angenehm *kühl,* während der warme Golfstrom und die daraus resultierenden feuchtwarmen Luftmassen für *milde Winter* sorgen (ausgehend von der bei uns vorwiegend herrschenden Westwetterlage/Westdrift). In einem Satz zusammengefaßt können wir sagen: *Mitteleuropa = Klima der gemäßigten Breiten = kühle Sommer/milde Winter.*

Doch nun zum eigentlichen Begriff ' T e m p e r a t u r ' :

5.1 *Definition der Temperatur*

In der Physik bezeichnet man als *Temperatur den Wärmezustand eines Körpers.* Wärme entsteht durch Bewegung der kleinsten Teile (Moleküle) irgendeines Körpers. Erreicht diese Bewegung das mögliche Maximum, hat der Körper seine höchste Temperatur erreicht. Kommen die Moleküle des Körpers zum absoluten Stillstand (keine Bewegung), so ist die tiefstmögliche Temperatur erreicht.

In der *Celsius - Temperaturskala* liegt der *Siedepunkt des reinen Wassers bei $100°\,C$* und der *Gefrierpunkt bei $0°\,C$.* Das sind bei normalem Luftdruck (1013,2 hPa (=mb / 760 mm Hg) die Fixpunkte (Fundamentalpunkte) der Temperaturskala, die für die Eichung des Thermometers herangezogen werden.

In den angelsächsischen Ländern (Großbritannien, USA usw.) wird teilweise noch die sogenannte **Fahrenheit - Skala** benutzt, die jedoch langsam aber sicher im Zuge der Standardisierung auf internationaler Ebene durch die Celsius - Skala ersetzt wird. Hier liegt der **Siedepunkt des reinen Wassers bei 212º F,** während der **Gefrierpunkt 32º F** ausmacht.

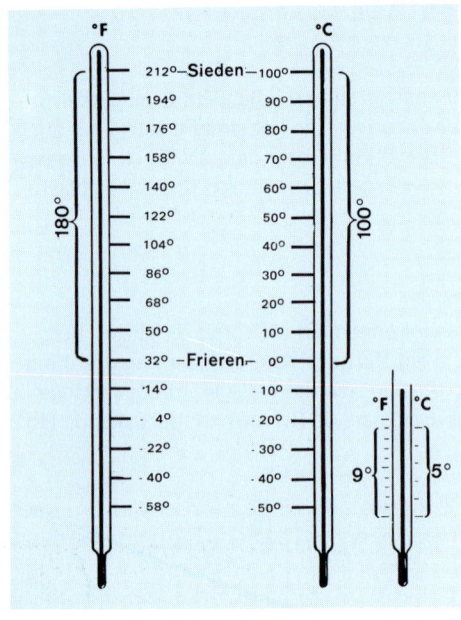

Die Thermometer in unseren Flugzeugen sind im allgemeinen auf 'Grad Celsius' geeicht. Man findet jedoch noch häufig die eben erwähnte Fahrenheit-Skala, besonders bei der Oeltemperatur- und Zylinderkopftemperaturanzeige.

Die Meteorologen verwenden weltweit die Celsius-Skala. Dennoch sollten wir mit beiden Skalen vertraut sein und Umrechnungen von Fahrenheit-Graden in Celsius-Grade (oder umgekehrt) vornehmen können.

Aus der nebenstehenden Zeichnung können wir entnehmen, daß 180 º Fahrenheit = 100 º Celsius sind. Deshalb müssen wir grundsätzlich bei der Umrechnung von Fahrenheit in Celsius das Verhältnis 180º : 100º, gekürzt 9º : 5º, berücksichtigen. Desweiteren ist der Betrag von 32 º vom Fahrenheit-Wert abzuziehen, um den Unterschied zwischen dem Gefrierpunkt und der angezeigten Temperatur zu erhalten.

Daraus ergibt sich folgende, leicht anzuwendende Umrechnungsformel:

Da 9ºF = 5ºC sind, ergeben 5/9 der Fahrenheitgrade minus 32º die Zahl der Celsiusgrade:

Abb. 14 Vergleich zwischen Fahrenheit- (F) und Celsius-Temperaturskala (C)

$$\text{Temperatur in } ºC = 5/9 \times (ºF - 32º)$$
oder
$$\text{Temperatur in } ºF = (9/5 \times ºC) + 32º$$

Viele der gebräuchlichen Navigationsrechner (Computer) haben Markierungen für eine direkte Umrechnung von Fahrenheit-Graden in Celsius-Temperaturwerte.

5.2 *Temperaturmessungen (Lufttemperatur)*

L u f t t e m p e r a t u r e n werden grundsätzlich im S c h a t t e n gemessen. Deshalb wird das Thermometer s t r a h l u n g s f r e i - gut ventiliert - in zwei Meter Höhe vom Erdboden - in der sogenannten 'Englische Hütte' (auch Wetterhütte genannt) installiert, um eine repräsentative Lufttemperatur anzuzeigen. Ein der Sonnenstrahlung ausgesetztes Thermometer würde mehr ein Strahlungs-Intensitätsmeßgerät sein und je nach Beschaffenheit (Oberfläche poliert oder rauh) — Farbe der Füllflüssigkeit) erheblich voneinander abweichende Werte anzeigen. Bei fehlender Ventilation könnte stagnierende Kalt- oder Warmluft die Anzeige verfälschen. Desweiteren können bodennahe Überhitzungsschichten (am Tage) und Kaltluftschichten (nachts durch Ausstrahlung) fehlerhafte Anzeige verursachen.

5.3 *Temperaturänderung mit zunehmender Höhe (Vertikaler Temperaturgradient)*

Starten wir mit einem Flugzeug und halten einen kontinuierlichen Steigflug ein, so merken wir bald, daß die Lufttemperatur sich mit zunehmender Höhe laufend ändert. Diese Änderung der Temperatur mit zunehmender Höhe wird in der Fachsprache als *'v e r t i k a l e r T e m p e r a t u r g r a d i e n t'* bezeichnet und wird als **Temperaturänderung in º C pro 100 m Höhe** angegeben (z.B. 1º C/ 100 m).
Er ist in der Regel *negativ* (Temperaturabnahme), kann aber manchmal auch *positiv* (Temperaturzunahme mit zunehmender Höhe = Inversion) oder *gleich Null* sein (Temperaturgleichheit mit zunehmender Höhe = Isothermie).
Erinnern wir uns noch einmal an die ICAO - Normalatmosphäre aus Kapitel 2. **Hier betrug die Temperaturabnahme 0,65º C/ 100m.** Dieser spezielle vertikale Temperaturgradient ist ein theoretischer Wert, der durch jahrelange Messungen als Durchschnittswert ermittelt wurde und niemals in allen Schichten der Troposphäre (Wetterschicht der Atmosphäre) gleichzeitig, sondern allenfalls teilweise auftreten wird.

W i e s i e h t e s n u n w i r k l i c h a u s ? In der Praxis müssen wir - und jetzt wird es etwas schwierig - drei für die Wetterentwicklung wichtige Temperaturgradienten unterscheiden:

1. *Der Schichtungsgradient* - Es ist der vertikale Temperaturgradient in einer ruhenden Luftmasse (keine Vertikalströmung).
Der Meteorologe kann ihn aus dem Temperatur-Höhendiagramm eines Radiosondenaufstiegs (mit Ballon) entnehmen. Wie schon erwähnt, weist unsere Atmosphäre sehr oft stark voneinander abweichende vertikale Schichtungsgradienten auf. Der Idealfall wäre der Schichtungsgradient der ICAO-Normalatmosphäre, der, wie wir ja schon wissen, **0,65° C pro 100 m, oder 2° pro 1000 ft** beträgt (siehe Abb. 15).

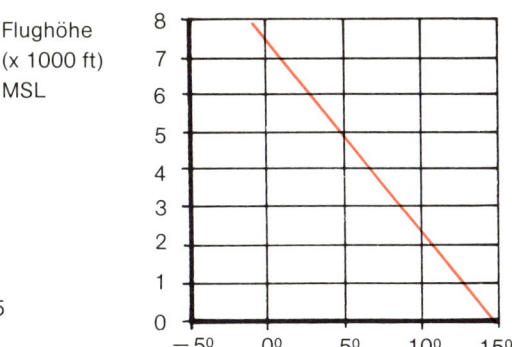

Temperaturabnahme
in der ICAO-Normalatmosphäre (ISA)
0,65° C pro 100 Meter
oder
2° C pro 1000 ft

Abb. 15

Bleibt nun jedoch - wie es häufig vorkommt - die Temperatur trotz zunehmender Höhe gleich, so spricht man in der Fachsprache von einer *'Isothermie'* (siehe Abb. 16)

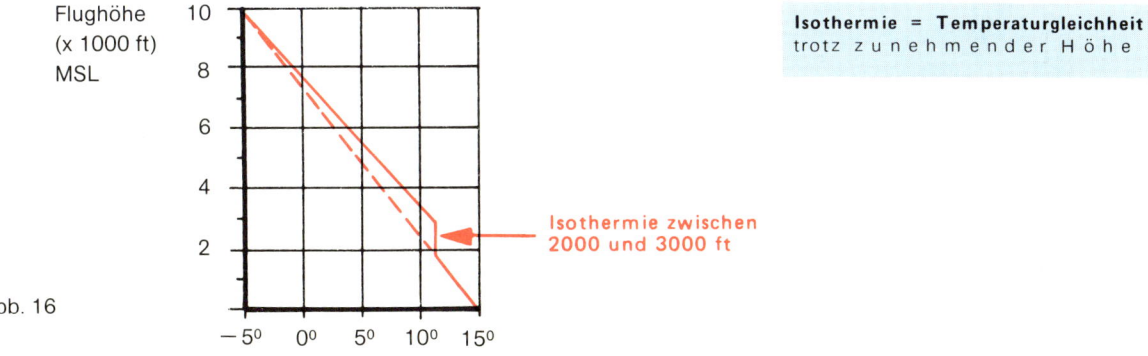

Isothermie = Temperaturgleichheit
trotz zunehmender Höhe

Abb. 16

Im Gegensatz zur üblichen Temperaturabnahme mit zunehmender Höhe kann aber auch manchmal die Temperatur mit der Höhe wieder zunehmen. Dann spricht man von einer *'Inversion'*, was nichts weiter als Temperaturzunahme, anstelle der normalen Abnahme mit der Höhe, bedeutet (siehe Abb. 17).

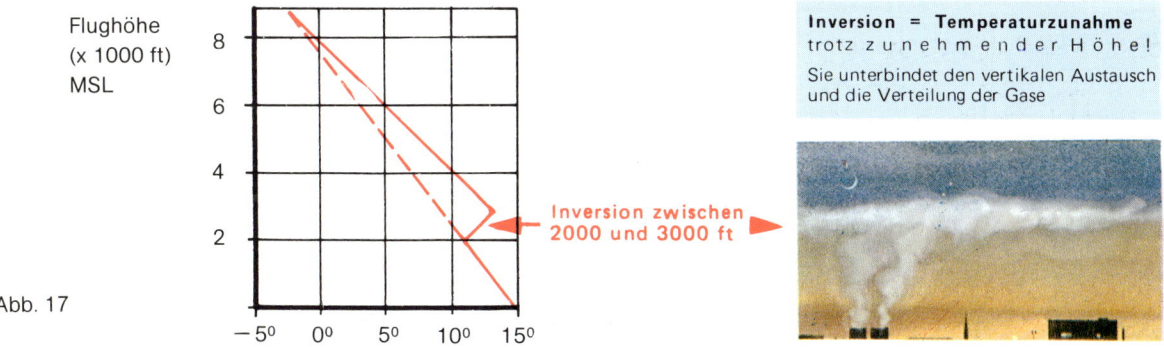

Inversion = Temperaturzunahme
trotz zunehmender Höhe!
Sie unterbindet den vertikalen Austausch und die Verteilung der Gase

Abb. 17

Eine solche Temperaturumkehrschicht (= Inversion) ist immer eine Sperrschicht für aufsteigende Luft. Tritt sie in Bodennähe auf, so wird sie als *Bodeninversion* bezeichnet, die bei der Nebelbildung eine große Rolle spielt (siehe 8.0 'Nebel').

2. Die Hebungsgradienten *(trockenadiabatisch und feuchtadiabatisch)*

a) Der trockenadiabatische Temperaturgradient

Wird ein bestimmtes Luftvolumen durch irgendwelche Umstände (z.B. Sonneneinstrahlung) angehoben, so gerät es beim Aufstieg in die Bereiche niederen Luftdrucks unserer Atmosphäre (Druckabnahme) mit zunehmender Höhe). Es dehnt sich dabei aus (expandiert) und 'arbeitet' gegen die umgebende Luft. Der hierbei auftretende Energieverlust läßt das aufsteigende 'Luftpaket' a b k ü h l e n (siehe Abb. 18). Wir müssen bei diesem sogenannten a d i a b a t i s c h e n V o r g a n g davon ausgehen, daß dem aufsteigenden Luftpaket weder Wärme von außen zugeführt, noch Wärme von der Umgebung entzogen wird. Das aufsteigende Luftpaket ist vollkommen von der Umgebung isoliert. Die Abkühlung, die bei diesem Vorgang erfolgt, beträgt, unabhängig von der Ausgangstemperatur, immer 1°C pro 100 m Höhe, solange es sich um u n g e s ä t t i g t e L u f t, also Luft die noch Feuchtigkeit aufnehmen kann, handelt. Diese spezielle Temperaturänderung um **1°C pro 100 m** bezeichnet man als *'trockenadiabatischen Temperaturgradienten'* (siehe Abb. 18).

b) Der feuchtadiabatische Temperaturgradient

Besteht das angehobene 'Luftpaket' aus mit Feuchtigkeit g e s ä t t i g t e r L u f t, also Luft, die keine Feuchtigkeit mehr aufnehmen kann, so tritt bei weiterer Abkühlung K o n d e n s a t i o n ein, d.h., die als unsichtbarer Wasserdampf in der Luft enthaltene Feuchtigkeit wandelt sich vom gasförmigen in den flüssigen Zustand um und zwar in Form von feinsten Wassertröpfchen (Wolken). Bei diesem Umwandlungsvorgang wird die Wärme, die bei der V e r d u n s t u n g des Wassers (Umwandlung vom flüssigen in den gasförmigen Zustand = Wasserdampf) verbraucht wurde, wieder frei. Diese sogenannte 'freiwerdende Kondensationswärme' verringert natürlich die Abkühlung der aufsteigenden Luft sehr stark (bis zu 60%).

Je mehr Feuchtigkeit (in Form von Wasserdampf) zur Kondensation gelangt, umso unterschiedlicher wird der Temperaturgradient für gesättigte Luft gegenüber dem für trockene Luft sein.

Auch hier macht sich der a d i a b a t i s c h e V o r g a n g durch Ausdehnung (Expansion) der aufsteigenden Luft bemerkbar. Die dafür verbrauchte Energie (Arbeit gegen die umgebende Luft) bewirkt ebenso wie bei der trockenen Luft eine T e m p e r a t u r a b n a h m e, die jedoch aufgrund der freiwerdenden Kondensationswärme geringer ist.

Deshalb bewegt sich der *feuchtadiabatische Temperaturgradient,* je nach Feuchtigkeitsgehalt der aufsteigenden Luft, zwischen 0,4° C und 0,8° C pro 100 m Höhe. Für Mitteleuropa hat man näherungsweise den Wert *0,6° C pro 100 m* als sehr häufig auftretenden feuchtadiabatischen Temperaturgradienten ermittelt (siehe Abb. 19).

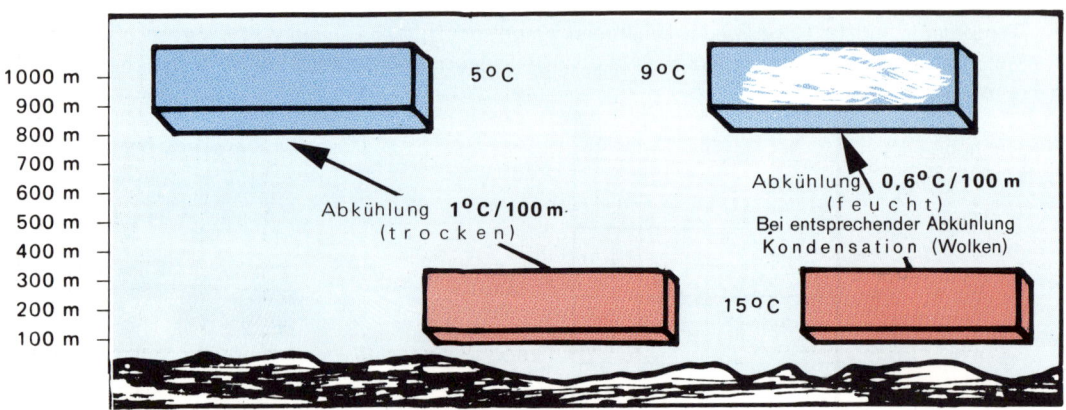

Abb. 18
Der trockenadiabatische Temperaturgradient
1 °C pro 100 m

Abb. 19
Der feuchtadiabatische Temperaturgradient
ca. 0,6 °C pro 100 m für Mitteleuropa

5.4 Stabilitätskriterien aufsteigender Luft

In der Physik gibt es für feste und flüssige Körper sogenannte **stabile, labile** und *indifferente Zustände.*
Auch die gasförmigen Körper, zu denen unsere Atmosphäre zählt, unterliegen diesen Stabilitätsgesetzen.

Wird z.B. der Wind, der normalerweise horizontal fließt, durch irgendein Hindernis (Berge) oder intensive Erwärmung vom Erdboden her (aufsteigende Luft) gestört, so sorgt eine stabile Atmosphäre bald wieder für eine Beruhigung der erzwungenen Auf- oder Abwärtsbewegungen der Luft. Der Wind wird schon kurz nach der eingetretenen Störung wieder horizontal weiterfließen. Ist die Atmosphäre jedoch labil, so wird sie die erzwungenen Auf- und Abwindbewegungen nicht glätten, sondern erlaubt sogar ein Anwachsen der Störungen. Beim Fliegen spüren wir dann die starken Vertikalböen als unangenehme Turbulenzen, die manchmal das Flugzeug zum 'Spielball' der entfesselten Luftkräfte unserer Atmosphäre machen. Das beste Beispiel für den Labilitätszustand der Atmosphäre sind die sich auftürmenden Gewitterwolken als Ergebnis heftiger Aufwärtsbewegungen der Luft mit Kondensation, starkem Niederschlag und elektrischen Entladungen.

a) S t a b i l i t ä t ist in der geschichteten Atmosphäre nur vorhanden, wenn ein aufsteigendes Luftpaket sich, ohne daß Feuchtigkeitssättigung durch Abkühlung eintritt, t r o c k e n a d i a b a t i s c h abkühlt und in der Höhe k ä l t e r ankommt, als die umgebende Luft. Es ist dann schwerer als seine Umgebung und sinkt wieder zum Ausgangspunkt zurück (= stabil). Dieser Zustand ist also nur möglich, wenn der Schichtungsgradient der Atmosphäre kleiner ist als der Hebungsgradient der aufsteigenden Luft (siehe Abb. 20)

b) L a b i l i t ä t kann in der geschichteten Atmosphäre nur dann bestehen, wenn ein aufsteigendes Luftpaket, das nicht mit Feuchtigkeit gesättigt ist, sich t r o c k e n a d i a b a t i s c h so abkühlt, daß es in der Höhe w ä r m e r ankommt als die umgebende, ruhende Luft der Atmosphäre. Mit anderen Worten: Der Schichtungsgradient der Atmosphäre muß größer sein als der Hebungsgradient der aufsteigenden Luft. Die aufsteigende Luft ist also in jeder Höhe wärmer und somit leichter als die umgebende Luft und steigt weiter auf (entfernt sich also immer mehr von ihrem Ausgangspunkt = labil).

c) I n d i f f e r e n z ist ein Zustand, bei dem jeder Körper in der Lage verbleibt, in die er gebracht wurde. Dieser Zustand besteht in unserer Atmosphäre dann, wenn ein aufsteigendes Luftpaket sich t r o c k e n a d i a b a t i s c h abkühlt und in jeder Höhe genau die Temperatur der ruhenden Luft der Umgebung angenommen hat. Es hat deshalb auch die gleiche Dichte (das gleiche Gewicht) wie die umgebende Luft und verbleibt dort (= indifferent). Daraus ergibt sich, daß Indifferenz in der Atmosphäre nur dann vorhanden sein kann, wenn der Schichtungsgradient der Atmosphäre gleich dem Hebungsgradienten der aufsteigenden Luft ist.

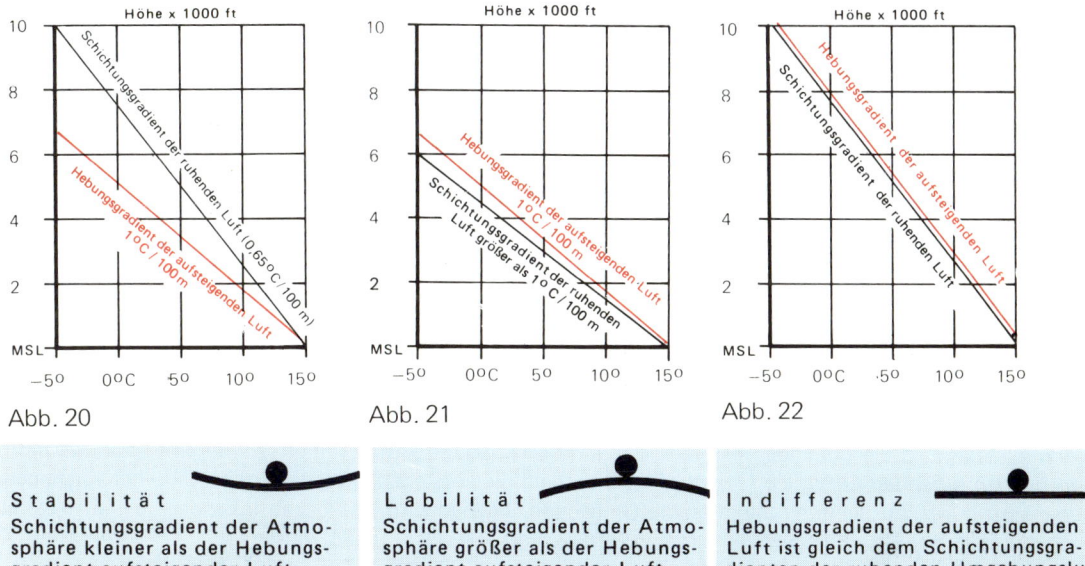

Abb. 20   Abb. 21   Abb. 22

Stabilität
Schichtungsgradient der Atmosphäre kleiner als der Hebungsgradient aufsteigender Luft

Labilität
Schichtungsgradient der Atmosphäre größer als der Hebungsgradient aufsteigender Luft

Indifferenz
Hebungsgradient der aufsteigenden Luft ist gleich dem Schichtungsgradienten der ruhenden Umgebungsluft

d) Die bedingte Labilität oder Feuchtlabilität

Besteht das aufsteigende 'Luftpaket' aus mit Feuchtigkeit gesättigter Luft, kann also keine Feuchtigkeit mehr aufnehmen, so müssen wir immer anstelle des trockenadiabatischen Gradienten den feuchtadiabatischen Temperaturgradienten einsetzen. Wir erinnern uns, daß für Mitteleuropa 0,6°C / 100 m gelten. Hieraus ergibt sich, daß bei Schichtungsgradienten von 0,99°C bis 0,61°C pro 100 m Höhe für nicht mit Feuchtigkeit gesättigte aufsteigende Luft S t a b i l i t ä t besteht (trockenadiabatisch = 1°C/100m).

Handelt es sich bei der aufsteigenden Luft aber um g e s ä t t i g t e Luft, die sich feuchtadiabatisch um 0,6°C pro 100 m Höhe abkühlt, so ist L a b i l i t ä t vorhanden.

Deshalb spricht der Fachmann hier von 'bedingter Labilität oder Feuchtlabilität' und meint damit, daß g e s ä t t i g t e Luft, die keine Feuchtigkeit mehr aufnehmen kann, sich im l a b i l e n Zustand, und Luft die noch Feuchtigkeit aufnehmen kann, also nicht gesättigte Luft, sich noch im s t a b i l e n Zustand befindet. Die folgende Tabelle soll diese etwas verwirrenden Begriffe verdeutlichen:

Art der aufsteigenden Luft	Stabil	Labil	Indifferent
nicht gesättigt (ohne Kondensation) = 1°C pro 100 m Höhe	Schichtungsgradient der ruhenden Luft kleiner als 1°C pro 100 m Höhe	Schichtungsgradient der ruhenden Luft größer als 1°C pro 100 m Höhe	Schichtungsgradient der ruhenden Luft gleich 1°C pro 100 m Höhe
gesättigt (mit Kondensation) = 0,6°C pro 100 m Höhe	Schichtungsgradient der ruhenden Luft kleiner als 0,6°C pro 100 m Höhe	Schichtungsgradient der ruhenden Luft größer als 0,6°C pro 100 m Höhe	Schichtungsgradient der ruhenden Luft gleich 0,6°C pro 100 m Höhe

Abb. 23　　　　　Die Stabilitätskriterien aufsteigender Luft

e) Überadiabatische Gradienten

In der Fachsprache der Meteorologen wird jeder Temperaturgradient, der größer als 1°C pro 100 m Höhe ist, als 'überadiabatischer Gradient' bezeichnet. Er tritt fast immer in bodennahen, überwärmten Luftschichten auf. Ursache: starke Erwärmung des Erdbodens durch Sonneneinstrahlung!

f) Die absolute Labilität

Unter diesem Begriff versteht man folgendes: Wird in der Höhe die Temperatur sehr schnell geringer (starke Temperaturabnahme), so entsteht eine *Schichtung in der Atmosphäre, die in sich labil ist.* Die Luftdichte in den oberen Schichten wird dann größer als die der unteren Schichten. *Resultat:* Die Luft sinkt aus den hohen Schichten ab und nimmt den Platz der unten lagernden Luft ein, die eine geringere Dichte aufweist. Dabei kann starke Vertikal - Turbulenz auftreten! Solche Erscheinungen einer in sich labil geschichteten Atmosphäre (Troposphäre) treten erst dann auf, wenn der *Schichtungsgradient größer als 3°C pro 100m Höhe ist.*

g) Absinkende Luft

Sinkt ein bestimmtes Luftvolumen (Luftpaket) ab, so wird es w ä r m e r und e n t f e r n t sich temperaturmäßig - auch wenn es sich um mit Feuchtigkeit gesättigte Luft handelt - immer mehr v o m T a u p u n k t (siehe auch 5.5).

Die Erwärmung kommt so zustande: Das 'Luftpaket' sinkt in die Bereiche höheren Drucks ab und wird kleiner. Es wird von der umgebenden Luft zusammengedrückt oder mit anderen Worten komprimiert. Wird Luft komprimiert (Luftpumpe), so erwärmt sie sich je nach Grad der Kompression mehr oder minder stark. Wir müssen uns - wie schon erwähnt - bei allen adiabatischen Vorgängen vorstellen, daß das aufsteigende oder, wie hier, das a b s i n k e n d e Luftvolumen *vollkommen von der umgebenden ruhenden Luft i s o l i e r t ist* und deshalb die entstehende Wärme (oder Kälte bei aufsteigender Luft durch Ausdehnung) nicht an die Umgebung abgegeben wird. Die bei absinkender Luft auftretende E r w ä r m u n g beträgt in allen Fällen **1°C pro 100m Höhe** (siehe Abb. 24).

Solche Absinkvorgänge, die immer trockenadiabatisch (**Erwärmung um 1°C/100m Höhenverlust**) ablaufen, bewirken ein Austrocknen der Luft - sie entfernt sich bezüglich der Temperatur immer mehr vom Taupunkt; evtl. vorhandene Wolken lösen sich in der absinkenden Luft vollständig auf. Sind während eines schönen Sommertages z.B. Quellwolken durch thermische Konvektion (Thermik) entstanden, so lösen sie sich in den Abendstunden wegen der fehlenden Sonneneinstrahlung (kein Aufstieg von in Bodennähe erwärmter Luft mehr möglich) in der absinkenden Luft wieder auf

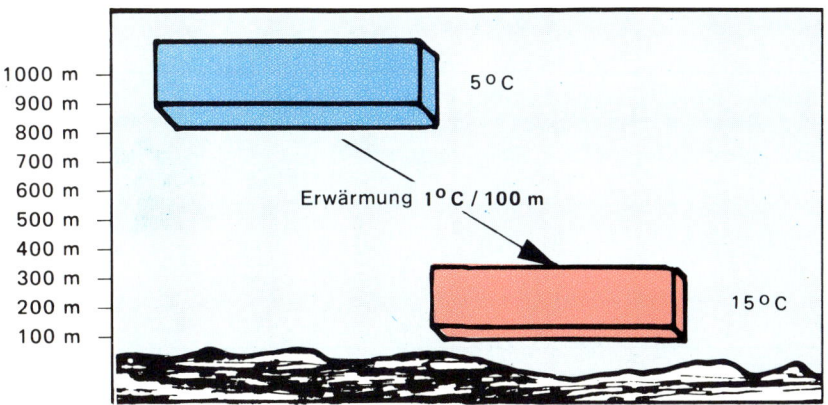

Abb. 24   Der Temperaturgradient absinkender Luft (1°C pro 100 m Höhe)

5.5 Temperatur und Luftfeuchtigkeit

Wasser existiert in der Atmosphäre in *drei verschiedenen Aggregatzuständen:*

1. *In fester Form* finden wir es als *Schnee, Hagel, Eiskristallwolken (Cirren), eiskristallinen Nebel.*

2. *Flüssig* tritt es in Form von *Wolken und Nebel* auf, die aus feinsten schwebenden Wassertröpfchen bestehen. Der bei Übersättigung der Luft mit Feuchtigkeit aus den Wolken fallende Niederschlag (Regen) ist uns allen als die am besten spürbare flüssige Form des Wassers in der Troposphäre bekannt.

3. *Gasförmig* ist das Wasser *nur als unsichtbarer Wasserdampf* (als Produkt der Verdunstung) in der Troposphäre vorzufinden.

Jeder dieser eben erwähnten Aggregatzustände läßt sich entweder *durch Wärmezufuhr* oder durch *Wärmeentzug* in einen anderen umwandeln.

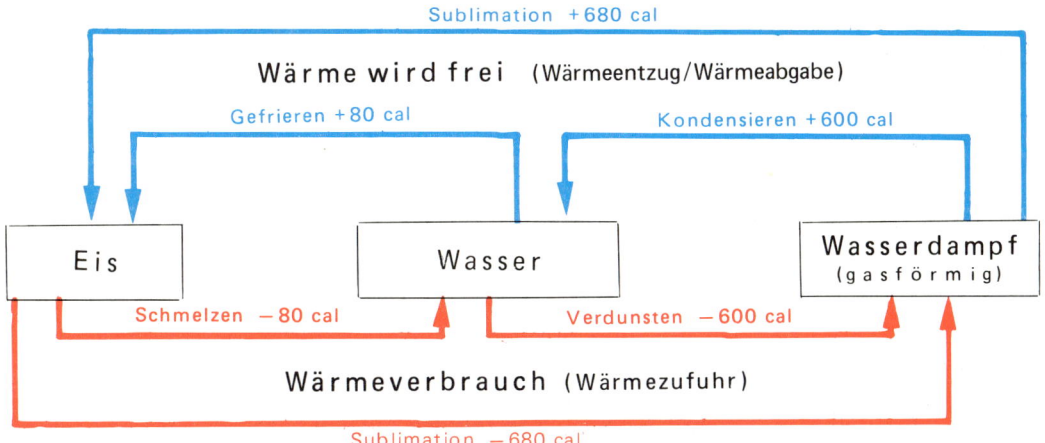

Abb. 25   Änderung der Zustandsformen (bezogen auf 1 Gramm) und dazu benötigte Energien

Das meteorologische Element **Luftfeuchtigkeit** spielt eine große Rolle bei der Entwicklung von Wettervorgängen und trägt, wenn es richtig verstanden wird, sehr zum Verständnis fast aller Wettererscheinungen bei. In Theorie und Praxis werden je nach Aufgabenstellung sechs wichtige **Luftfeuchtigkeits-Maßeinheiten** benutzt, die wir uns ebenfalls in tabellarischer Form einprägen wollen:

1. Absolute Feuchte (Symbol = a) ist eine Maßeinheit, die angibt, wieviel Gramm (gr) Wasserdampf (Wasser im gasförmigen Zustand) in einem Kubikmeter Luft enthalten sind.	gr / m^3
2. Spezifische Feuchte (Symbol = s) ist eine Maßeinheit, die angibt, wieviel Gramm (gr) Wasserdampf (Wasser im gasförmigen Zustand) in einem Kilogramm *feuchter Luft* enthalten sind.	gr / kg
3. Das Mischungsverhältnis (Symbol = m) gibt an, wieviel Gramm (gr) Wasserdampf (Wasser im gasförmigen Zustand) einem Kilogramm *trockener Luft* beigemischt sind.	gr / kg
4. Dampfdruck (e) ist der Teildruck (Partialdruck) des Wasserdampfes am Gesamtdruck (Luftdruck) der Atmosphäre. Er kann in hPa oder mm Hg angegeben werden.	hPa oder mm Hg
5. Der Taupunkt (t_d) ist die Temperatur, bis zu der die Luft abgekühlt werden muß, damit Kondensation (Feuchtigkeitssättigung der Luft) eintritt. Er wird in Grad Celsius (°C) angegeben.	°C
6. Die relative Feuchte (f) ist das (mit 100 multiplizierte) Verhältnis der vorhandenen zur (entsprechend der Temperatur) maximal möglichen Feuchte (in %).	%
Die relative Luftfeuchtigkeit (f) läßt sich mit folgender Formel sehr leicht berechnen:	$f = \dfrac{a}{A}$ * $\times 100$

* Der kleine Buchstabe 'a' symbolisiert hierbei die tatsächlich vorhandene absolute Feuchte. Der große Buchstabe 'A' die maximal mögliche absolute Feuchte bei einer bestimmten Temperatur.

Beispiel: Temperatur beträgt 10°C, tatsächlich vorhandene absolute Feuchte (a) 4,7 gr/m^3; maximal mögliche Feuchte bei 10°C (A) 9,4 gr/m^3; *Die relative Luftfeuchtigkeit beträgt also:*	$f = \dfrac{4,7}{9,4} \times 100 = 50\%$

Das bedeutet, die Luft ist erst zur Hälfte mit Feuchtigkeit gesättigt und kann daher noch einmal soviel Feuchte aufnehmen.

Die verschiedenen **Maßeinheiten** für die Luftfeuchtigkeit haben in der meteorologischen Praxis einen **besonderen Verwendungszweck**:

1. Die relative Luftfeuchtigkeit sagt uns anschaulich, wieviel Wasserdampf (in %) tatsächlich vorhanden ist und läßt leicht erkennen, wieviel % noch zur vollständigen Sättigung fehlen.

2. Der Taupunkt (dew point) hat eine große Bedeutung für die Wettervorhersage, insbesondere für kritische Nebelwetterlagen (schlechte Sicht).

Merke: *Je kleiner die Differenz zwischen Temperatur und Taupunkt, umso größer ist die Gefahr, daß sich Nebel oder sehr tiefe Wolken bilden, die Sichtflüge unmöglich oder lebensgefährlich machen!*

Warum? — Die Differenz zwischen Temperatur und Taupunkt (engl.: *spread*) gibt an, um wieviel Grad (°C) die Luft abgekühlt werden muß, damit Feuchtigkeitssättigung und später bei Übersättigung Kondensation in Form von Nebel oder Wolken eintritt.

Die Menge des Wasserdampfes, die die Luft maximal aufnehmen kann, ist fast ausschließlich von der Temperatur - und im geringen Maße vom Luftdruck - *abhängig* (siehe Abb. 26). Enthält die Luft bei der vorhandenen Temperatur die mögliche Höchstmenge an Wasserdampf, so ist sie mit Feuchtigkeit gesättigt, das heißt, sie kann k e i n e Feuchtigkeit mehr aufnehmen. Man sagt dann auch : die Sättigungsfeuchte ist erreicht.

Die folgende Tabelle gibt für einige ausgewählte Werte den Zusammenhang zwischen Temperatur und der maximal möglichen absoluten Feuchte (= Sättigungsfeuchte) an:

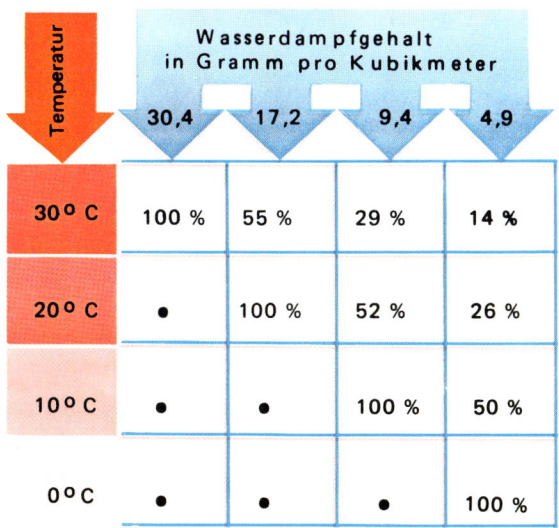

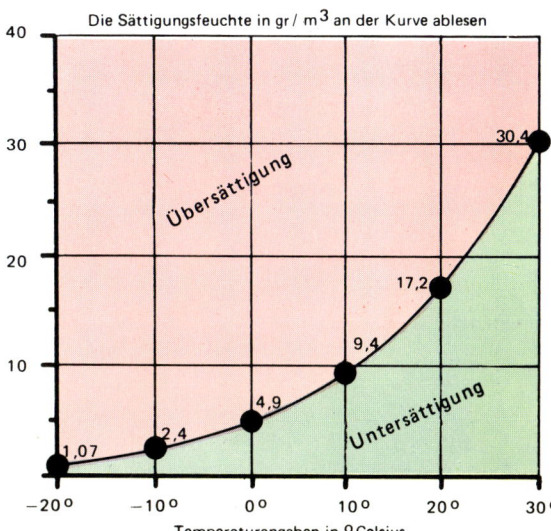

Abb. 26
Wasserdampfgehalt der Luft bei verschiedenen relativen Feuchtigkeiten und Temperaturen

Abb. 27
Die Sättigungskurve

Wir können diese Werte auch in ein Diagramm übertragen. Die beim Zeichnen entstehende Kurve wird in der Fachsprache **'S ä t t i g u n g s k u r v e'** genannt. Sie gibt für jede Temperatur die zugehörige maximale Feuchte an. Die unter der Kurve liegende Fläche (grün) deutet die vielen Möglichkeiten der **'Untersättigung'** (es kann noch Feuchtigkeit aufgenommen werden) an, während die darüberliegende Fläche (rot) **'Übersättigung'** erkennen läßt. Diese *Übersättigung bedeutet immer Kondensation* (Wolken und Nebel), denn die Übermenge an Feuchtigkeit tritt in Form kleinster Wassertröpfchen aus der Luft heraus. Wir merken uns dazu folgendes: Für jede Temperatur gibt es nur einen "Sättigungswert". Er liegt bei der entsprechenden Temperatur direkt auf der 'Sättigungskurve' (Abb. 27).

Die Sättigungskurve verrät uns folgende wichtige Schlüsselsätze:

- Luft mit n i e d r i g e n Temperaturwerten – also **k a l t e L u f t** – kann nur **wenig Wasserdampf** (Feuchte in gasförmigem Zustand) aufnehmen!

- **W a r m e L u f t** hingegen kann **sehr viel Feuchtigkeit** aufnehmen!

5.6 Das wichtige Zusammenspiel zwischen Temperatur und Taupunkt

T e m p e r a t u r und T a u p u n k t sind **sehr** wichtige meteorologische Werte für den Flugzeugführer. Beide werden in jeder Flugwettermeldung (M E T A R) in Grad Celsius angegeben. Die zwischen Temperatur und Taupunkt bestehende Differenz (T a u p u n k t d i f f e r e n z oder engl. *'Spread'*) gibt Auskunft darüber, um **wieviel Grad Celsius die noch ungesättigte Luft abgekühlt werden muß, um** *Sättigungsfeuchte zu erreichen*.

In den halbstündlich erfolgenden B o d e n w e t t e r m e l d u n g e n der F l u g h ä f e n (METAR) werden Temperatur und Taupunkt wie folgt gemeldet: (siehe 15.3):

a) 10 / 01,	das bedeutet:	Temperatur 10°C	- Taupunkt	1°C
b) 04 / m 03,	das bedeutet:	" 4°C	- Taupunkt	−3°C
c) 02 / 02,	das bedeutet:	" 2°C	- Taupunkt	2°C

Die *Temperaturdifferenz (Spread)* beträgt im Falle:

a) 9°C	und bedeutet:	noch 9°C Abkühlung bis zur Sättigungsfeuchte
b) 7°C	:	noch 7°C Abkühlung bis zur Sättigungsfeuchte
c) 0°C	:	*Taupunktdifferenz (Spread) ist gleich 0°C!*

Beispiel c) sagt uns, daß die Taupunktdifferenz gleich 0° ist. Es handelt sich also um gesättigte Luft, die *bei weiterer Abkühlung sofort kondensieren wird, da die relative Luftfeuchtigkeit 100 % erreicht hat!*

M e r k e :

- Solange die L u f t **n i c h t** mit F e u c h t i g k e i t gesättigt ist, liegt der T a u p u n k t immer **u n t e r** der tatsächlichen L u f t t e m p e r a t u r !

- N ä h e r t sich die L u f t t e m p e r a t u r dem T a u p u n k t *(Taupunktdifferenz oder 'spread' sehr klein)*, so erreicht die Luft das k r i t i s c h e S t a d i u m d e r S ä t t i g u n g m i t F e u c h t i g k e i t (die relative Luftfeuchtigkeit nähert sich der 100 % - Marke) !

- E r r e i c h t d i e L u f t bei weiterer Abkühlung den T a u p u n k t *(Temperatur und Taupunkt sind jetzt g l e i c h)*, so beträgt die **relative Luftfeuchtigkeit 100 %**! Die Luft ist nun mit F e u c h t i g k e i t g e s ä t t i g t . Der **überschüssige Wasserdampf**, der vorher als g a s f ö r m i g e F e u c h t i g k e i t unsichtbar war, kann von der Luft nicht länger gehalten werden und **wird zur K o n d e n s a t i o n gezwungen**. Er tritt in Form feinster Wassertröpfchen aus der Luft heraus und wird **als Tau** oder **Reif am B o d e n** oder **als Wolken** und **Nebel in der L u f t** sichtbar.
Bei entsprechend s t a r k e r Kondensation (es kondensiert sehr viel Wasserdampf) kommt es je nach Temperatur und Luftschichtung (stabil/labil) zu N i e d e r s c h l ä g e n, die die Erde als Nieselregen, Regen, Schnee oder Hagel erreichen.

A n m e r k u n g :
So gelangt auch **K o n d e n s w a s s e r** in nicht ganz gefüllte T r e i b s t o f f t a n k s, wenn das Flugzeug s t a r k e r A b k ü h l u n g ausgesetzt ist (z.B. nachts)! Die T e m p e r a t u r sinkt in den T a n k s bis zum T a u p u n k t ab und der W a s s e r d a m p f der im Tank eingeschlossenen Luft k o n d e n s i e r t . Das auf diese Art entstandene K o n d e n s w a s s e r sinkt auf den Boden des Tanks ab - da es schwerer als Benzin ist - und kann über die Treibstoffleitungen zum V e r g a s e r oder E i n s p r i t z e r gelangen und **Triebwerkstörungen** oder **Triebwerkausfall** verursachen!

Es gibt verschiedene Ursachen dafür, daß ungesättigte Luft zur A b k ü h l u n g bis zum T a u p u n k t (Sättigungspunkt) gezwungen werden kann. Einige sind uns schon bekannt (z. B. 'adiabatische Hebung'; **siehe 5.3, Seiten 18-20**). Alle anderen Möglichkeiten werden wir im folgenden Kapitel 'Wolkenbildung' kennenlernen.

6.0 Wolkenbildung

6.1 Wasserkreislauf Erde – Atmosphäre

Die uns allen bekannten Wettererscheinungen wie **Wolken, Nebel, Regen, Hagel** und **Schnee** entstehen durch **Kondensation des unsichtbaren Wasserdampfes** in der Luft. Stellt auch der **Wasserdampf** in der Atmosphäre nur einen kleinen Bestandteil des Ganzen dar (max. 4% Anteil in den Tropen), so ist er doch für das **Wettergeschehen** einer der **wichtigsten Faktoren.**

Wasserdampf geht durch den physikalischen Vorgang 'Verdunstung' in die Luft der Atmosphäre über. Dabei wird - wie wir schon wissen - Wärme verbraucht. Das Wasser in unseren Ozeanen, Seen und Flüssen verdunstet bei jeder Temperatur (bei hohen Temperaturen natürlich stärker). Ein nicht zu unterschätzender Anteil des Wasserdampfs wird von den Blättern der Pflanzen an die Luft abgegeben. In der Fachsprache nennt man diesen speziellen Verdunstungsvorgang an den Pflanzenblättern "Transpiration". Das auf diese Art zur Verdunstung gelangende Wasser wird von den Wurzeln der Pflanzen ersetzt, indem sie neues Wasser aus dem Erdboden saugen und so für einen Ausgleich sorgen.

Wasser verdunstet insbesondere über den warmen Teilen der Ozeane und den unendlichen Urwäldern der Tropen. Es steigt dort als Wasserdampf auf und wird durch die vielfältigen Windströmungen innerhalb der Troposphäre (auch über die Kontinente) verteilt.

Wird nun mit **Feuchtigkeit** in Form von Wasserdampf **angereicherte Luft** auf irgendeine Art **abgekühlt,** so bilden sich - je nach Temperatur und Höhe - **Wolken, Nebel** und sehr häufig **Niederschläge** (Regen, Schnee, Hagel).

Durch die Niederschläge aus Wolken und Nebel kehrt fast das gesamte Wasser zur Erde zurück, von der es vorher in die Luft hineinverdunstete. Regen, tauender Schnee, Tau und Hagel versickern in den Erdboden und versorgen ihn mit der Feuchtigkeit, die für die Vegetation (und somit Transpiration) benötigt wird. Ein anderer Teil des versickernden Wassers sprudelt aus unzähligen Quellen wieder aus der Erde heraus und fließt in kleinen Flüssen und gewaltigen Strömen zu den Meeren zurück.
Der Kreislauf des Wassers ist geschlossen!

Abb. 28

Wasserkreislauf
Erde – Atmosphäre

6.2 Allgemeines zur Wolkenbildung

Wolken sind sichtbare Resultate der Kondensation von Wasserdampf in der Troposphäre. Man könnte sie so definieren: Wolken sind in der Luft schwebende Ansammlungen von kleinsten Wassertröpfchen oder winzigen Eisteilchen. Sie können auch aus beiden der eben genannten Bestandteile bestehen (Wasser- und Eisteilchen). Einzelne flüssige Wolkenelemente haben etwa einen Durchmesser von 0,005 mm und sind so leicht, daß sie schon von geringen Aufwinden in der Schwebe gehalten werden können. Die Entstehung solcher mikroskopisch kleinen Wassertröpfchen, die ja aus der Umwandlung des unsichtbaren Wasserdampfes in den flüssigen Zustand (bei der Kondensation) hervorgehen, ist ein sehr komplizierter Vorgang. Er soll hier nur kurz zum besseren Verständnis der Wolkenbildung gestreift werden.

Wie wir schon wissen, gelangt der zur Wolkenbildung nötige Wasserdampf durch Verdunstung von den Ozeanen und Seen oder von sehr feuchten Landflächen (Sümpfe, Moore usw.) in die Luft. Auch von den Blattoberflächen unserer Pflanzen verdunstet ein beachtlicher Anteil von Wasser in die Troposphäre hinein (Transpiration). Einzelne Wasserdampfteilchen (H_2O-Moleküle) sind so klein, daß sie für unsere Augen unsichtbar sind. Sammeln sich viele solcher winzig kleinen Wasserdampf-Moleküle über einem *Dunstkern*, dann können sie erst als feinstes Wassertröpfchen für unser Auge sichtbar werden. Ohne zwingende Gründe findet jedoch eine konzentrierte Ansammlung von Wasserdampf-Molekülen an den sogenannten Dunstkernen (feinste atmosphärische Partikel) nicht statt, da die Natur immer bestrebt ist, ein Gleichgewicht zwischen dem Wasser auf der Erde und dem Wasserdampf in der Atmosphäre zu gewährleisten (siehe Wasserkreislauf).

Eine Ansammlung von solchen Molekülen hat nur dann Aussicht auf längeren Bestand, wenn Dunst- oder Kondensationskerne mit besonderen Eigenschaften in der Atmosphäre vorhanden sind. Kondensationskerne, die die Wolken- oder Nebelbildung begünstigen, besitzen eine feuchtigkeitsanziehende Wirkung (hygroskopische Wirkung) und bestehen meistens aus Salzkristallen, die mit Wasser sofort eine Verbindung eingehen.

Wäre also die Luft rein, könnte der vorhandene Wasserdampf, trotz einer Abkühlung der Luft unter den Taupunkt, nicht so ohne weiteres kondensieren, da hierzu die mikroskopisch kleinen Dunst- oder Kondensationskerne nötig sind. Da aber in der Troposphäre unzählig viele Staub-, Verbrennungs- und Salzteilchen in der Schwebe gehalten werden, können sich jederzeit die Wasserdampfmoleküle an diesen Partikeln ansammeln und auf diese Weise ein kleines Wassertröpfchen (oder besser: Wolkenelement) bilden.

Die Bildung von Wolken oder Nebel kommt jedoch - trotz vorhandener Kondensationskerne - zum Stillstand, wenn während des Vorgangs der Wolkenbildung die relative Luftfeuchtigkeit nicht laufend erhöht wird, denn die Kondensation, die zu Beginn der Wolkenbildung einsetzt, senkt den Feuchtigkeitsgehalt der Luft. Die notwendige Erhöhung des Feuchtigkeitsgehalts (fortlaufende Aufstockung bis zur Sättigung) wird in der Natur auf zwei Arten erreicht: *durch Abkühlung oder durch Feuchtigkeitszufuhr.* Die zuletzt genannte Möglichkeit der Feuchtigkeitszufuhr kommt jedoch seltener vor. Fast immer können wir deshalb davon ausgehen, daß Wolken- oder Nebelbildung dann auftreten, *wenn die Luft bis zum Taupunkt abgekühlt wird.* Die Abkühlung selbst kann wieder auf zwei grundsätzlich verschiedene Arten geschehen:

1. durch **adiabatische Prozesse** (Hebung)
2. durch **Ausstrahlung** oder **Wärmeleitung**, in der Fachsprache auch 'nicht-adiabatischer Prozess' genannt.

Im Abschnitt 7.0 werden wir die vielen Wolkenarten kennenlernen. Sie werden in einem Wolkenschema, nach Höhe und Zusammensetzung (Eis / Wasser), klassifiziert. Alle Wolkenarten (Gattungen) haben vielfältige Abarten (Untergattungen) auszuweisen, deren Entstehung jedoch auf einige wesentliche Bildungsvorgänge beschränkt werden kann:

6.3 Wolkenbildung durch Hebung

Wird ein bestimmtes Luftvolumen zur Hebung (zum Aufsteigen) gezwungen, kühlt es sich adiabatisch ab (siehe Hebungsgradient) und erreicht bei fortgesetztem Aufstieg schließlich den Taupunkt. *Feuchtigkeitssättigung und Kondensation* sind die Folge dieses adiabatischen (Hebungs-) Prozesses. An den immer vorhandenen Kondensationskernen bilden sich feine Wassertröpfchen (Wolkenelemente). Es entsteht eine Wolke

Eine der Ursachen für die Hebung von bestimmten Luftvolumen (Luftpaketen) ist die *thermische Konvektion,* aus der sogenannte *'Konvektionswolken'* entstehen können.

Aus dem Abschnitt "Wärmehaushalt der Atmosphäre" ist uns noch bekannt, daß Luft nicht durch die Sonnenstrahlung direkt, sondern durch die Wärmeausstrahlung der Erde erhitzt wird.

Durch verschiedene Bodenbeschaffenheit entsteht eine u n t e r s c h i e d l i c h e E r w ä r m u n g der Erdoberfläche. So werden große Sandflächen, Felsen, Stadtgebiete und z. B. die Betonpisten der Flughäfen viel stärker erwärmt als feuchte Wiesen, Waldgebiete und Gewässer. Die dem Erdboden nahen Luftschichten werden ebenfalls unterschiedlich erhitzt und ändern deshalb ihre Dichte.

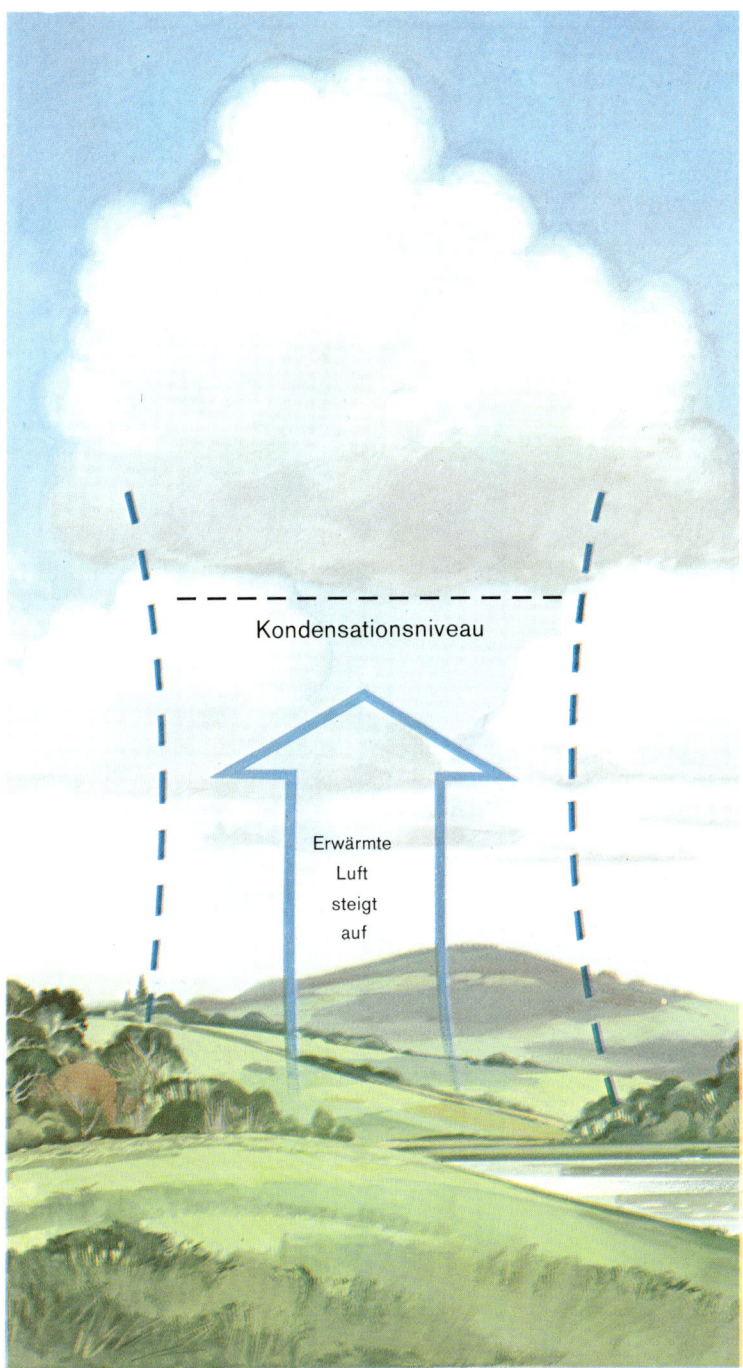

Wärmere Luft (geringere Dichte) wird *leichter* als die umgebende k ä l t e r e Luft und erhält hierdurch eine **A u f t r i e b s - k o m p o n e n t e,** die sie zum Aufsteigen veranlaßt. Oft ist dabei ein deutliches Flimmern der Luft zu beobachten. Die k ü h l e r e Luft der Umgebung nimmt den Platz der aufsteigenden warmen Luft ein.

Bei diesem Vorgang der sogenannten thermischen Konvektion bilden sich periodisch Warmluftblasen dünnerer Luft, die aufsteigen, sich dabei ausdehnen - weil sie in die Bereiche niederen Luftdrucks gelangen - und abkühlen. In einer bestimmten Höhe wird dann das Kondensationsniveau erreicht (Temperatur = Taupunkt) und es tritt Sättigung innerhalb des aufsteigenden Luftvolumens ein. Infolge der labilen Situation bilden sich nun Q u e l l w o l k e n (Cumulus). Wie schon erwähnt, wird die aufsteigende Warmluft durch kühlere Luft aus dem Nachbarbereich ersetzt, die absinkt, weil sie dichter ist. Es entsteht ein Kreislauf, der in der Fachsprache *'Thermische Konvektion'* genannt wird.

Abb. 29

Wolkenbildung
durch 'Thermische Konvektion'

Fliegen wir nun mit unserem Flugzeug durch diese zum Teil heftigen Auf- und Abwindgebiete der thermischen Konvektion (oder Thermik), so machen wir die Erfahrung, daß das Flugzeug diesen Bewegungen mehr oder minder folgt. Das Einhalten der Flughöhe wird durch diese Unruhe in der Luft wesentlich erschwert und der Flieger sagt in der Fachsprache, es sei *'bockig'*. Da die vertikalen (senkrechten) Böen durch Sonneneinstrahlung verursacht werden, spricht man auch von *'Sonnenböigkeit'*.

Über der meist aufgelockerten Cumulus-Bewölkung läßt die Turbulenz wieder nach, weil an der O b e r -
g r e n z e der Wolken oft eine I n v e r s i o n mit stabiler Luftschichtung anzutreffen ist.

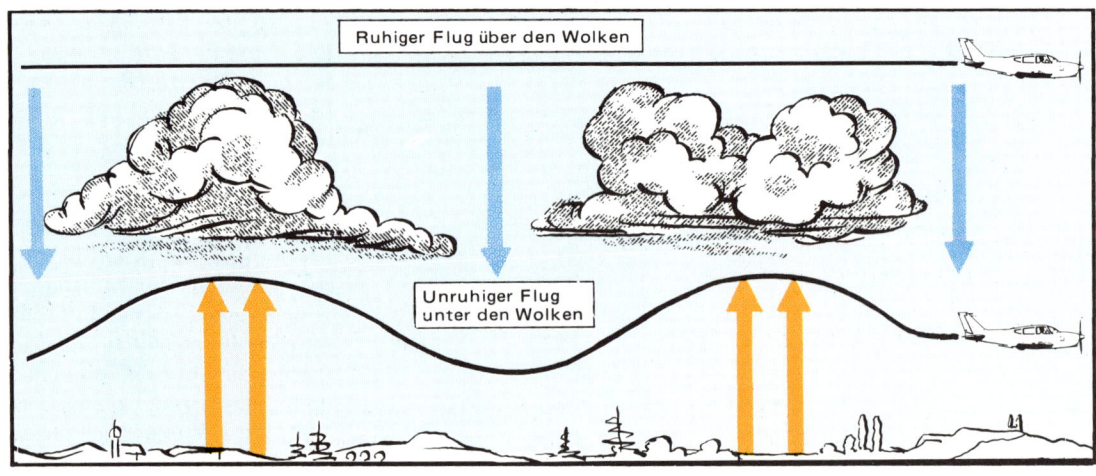

Abb. 30   Ruhiger Flug über der Cu-Bewölkung   -   starke 'Bockigkeit' darunter!

6.4   W o l k e n b i l d u n g   d u r c h   K a l t l u f t e i n b r u c h   u n t e r   W a r m l u f t   (Kaltfront)

Auch hier entstehen wieder **Konvektionswolken**, da die sich langsam fortbewegende Warmluft von sehr viel schneller fließender Kaltluft unterwandert wird. Bildlich gesprochen könnte man sagen, die Kaltluft - schwerer (dichter) als die vorgelagerte Warmluft - schiebt sich wie ein Keil unter die langsamer strömende Warmluft und zwingt sie zum Aufsteigen (siehe Abb. 31). Die sich sehr schnell fortbewegende Kaltluft, die die Warmluft entsprechend schnell emporhebt, und **Feuchtlabilität** in größeren Höhen, lassen in der hochgerissenen Warmluft nach Erreichen des Kondensationsniveaus *gewaltige Quellwolken (Cumulonimbus = Cb)* entstehen, deren Obergrenzen weit höher zu suchen sind, als bei normalen Cumulus-Wolken (Cu). Manchmal (nicht selten) zeigen so entstandene 'Cb' (Cumulonimbus - Wolken) *heftige Gewittererscheinungen.* Man spricht hier auch von einer sogenannten *'Großkonvektion'*, weil meist keine stabilisierenden Inversionsschichten vorhanden sind, die die Konvektion (Aufstieg/Abstieg von Luft) behindern können.

In diesen gewaltigen Quellwolken ist mit *extremster T u r b u l e n z* zu rechnen (auch unter diesen Wolken). Neben sehr starken A b w i n d z o n e n gibt es A u f w i n d e bis zu 30 m/sec (ca. 5900 ft/min), die die Struktur der Flugzeugzelle gefährden können ('Überschreiten des Lastvielfachen'; siehe Band 1, 6.4 'Starke Turbulenz und Lastvielfache').

Solche hochreichenden Quellwolken - und deren nähere Umgebung - unbedingt meiden!

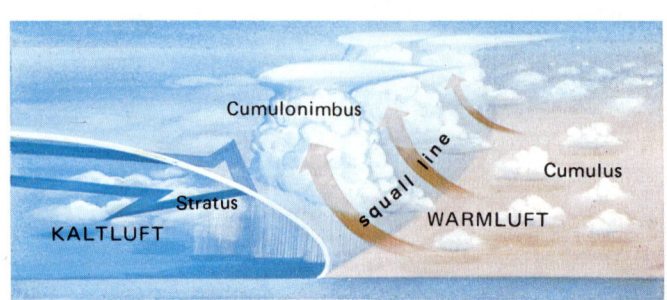

Abb. 31

Wolkenbildung
durch Kaltlufteinbruch
unter Warmluft (Kaltfront)

6.5 Wolkenbildung durch aufgleitende Warmluft über Kaltluft (Warmfront)

Vor einer schnell fließenden Warmluftmasse lagert in diesem Falle eine sich kaum vorwärtsbewegende, träge Kaltluftmasse. Die sich nähernde Warmluft wird wegen ihrer geringen Dichte (leichter als Kaltluft) von der Kaltluft angehoben. Die häufig **sehr feuchte** Warmluft gleitet nach dem Auftreffen auf die Kaltluft an dieser in einem sehr flachen Winkel auf (siehe Abb. 32). Dabei kühlt sie sich adiabatisch ab, dehnt sich aus und erreicht in einer bestimmten Höhe das Kondensationsniveau.

Da die Warmluft fast immer **stabil** geschichtet ist, bilden sich an der Aufgleitfläche zum Teil sehr **mächtige Schichtwolken** (Nimbostratus) mit ergiebigen, langanhaltenden Niederschlägen (Landregen).

In der Praxis können wir die **Annäherung einer Warmfront** an der nachstehend geschilderten **Aufgleitbewölkung** sofort erkennen (siehe auch 12.1 c 'Vorderseitenwetter'):

1. **Hohe Eiswolken** (Cirren) in der Reihenfolge **Cirrus** (Ci), **Cirrostratus** (Cs).
2. **Cirrostratus** (Cs) geht langsam in **Altostratus** (As), dann in **Nimbostratus** (Ns) über.
3. Untergrenzen des Altostratus u. Nimbostratus **sinken** mit Annäherung der Front immer mehr ab.
4. Etwa 300 km vor der Bodenfront (wo die Warmluft mit der Kaltluft am Boden aufliegt) erreicht der **Nimbostratus** eine **Untergrenze von etwa 3000 m** (ca. 10000 ft). **Niederschlag setzt ein!**
5. Starker Sichtrückgang im Niederschlagsgebiet – und weiteres **Absinken der Wolkenuntergrenze bis**

Merke: Wenn die **ersten Cirren** einer Aufgleitbewölkung über uns aufziehen, dann liegt die **Bodenfront** (Warmluft am Boden) noch etwa **700 - 1000 km** vom Beobachtungsort entfernt!

Schichtwolken, die sich wie oben beschrieben bilden und in der Reihenfolge *Ci, Cs, As und Ns* erscheinen, deuten auf eine **stabile Atmosphäre** hin. Flüge unter und Blindflüge (IFR) in diesen Schichtwolken verlaufen sehr ruhig, da keine Turbulenz vorhanden ist. Dennoch ist **Vorsicht** geboten, da in den **unteren Schichten der Aufgleitbewölkung** über der **0°-Grenze** (freezing Level) akute **Vereisungsgefahr** besteht!

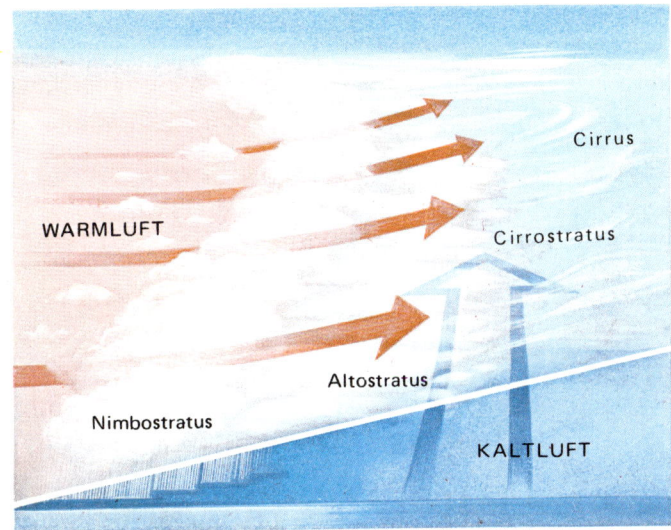

Die bei aufgleitender Warmluft über Kaltluft entstehenden ausgedehnten Schichtwolken täuschen uns jedoch manchmal. Ist nämlich die aufgleitende Warmluft *feuchtlabil* (siehe 5.4 'Stabilitätskriterien aufsteigender Luft'), so können in der Schichtbewölkung, für uns unsichtbar, *Cumulonimbus* (Cb) eingelagert sein, die sehr starke *Vertikal-Turbulenzen* verursachen!

Abb. 32

Wolkenbildung durch Aufgleiten von Warmluft über Kaltluft (Warmfront)

6.6 Wolkenbildung durch Hebung an Hindernissen (Gebirge)

Gebirgsketten und größere Berge (z.B. Alpen) zwingen anströmende Luft (Wind) zum Aufsteigen. Aufgrund ihrer großen räumlichen Ausdehnung ist ein Umfließen der Hindernisse ausgeschlossen. Gebirge und andere großräumige Hindernisse werden also **vom Wind überströmt.**

Auch bei dieser Art der Hebung von Luft tritt eine adiabatische Abkühlung ein. Erreicht die Luft dabei das **Kondensationsniveau** (Temperatur erreicht den Taupunkt), so bilden sich unterhalb — oder auch erst über den Gipfeln — **Wolken.**

Ist die aufsteigende Luft nicht sehr **feucht,** oder das Gebirge nicht allzu **hoch,** dann wird Wolkenbildung erst kurz unterhalb der Gipfel zu erwarten sein. Bis dort steigt die Luft *trockenadiabatisch* auf, kühlt also **pro 100 m Höhengewinn um ein Grad Celsius** ab.

Nach Erreichen des Taupunktes kühlt sich die Luft dann nur noch *feuchtadiabatisch,* also mit ca. **0,6° C pro 100 m,** ab. Tritt nun keine weitere Abkühlung ein, so wird die g e r a d e f r e i g e w o r d e n e K o n d e n s a t i o n s w ä r m e (bei der Wolkenbildung) sofort wieder zur Auflösung der Wolken auf der Leeseite des Gebirges verbraucht, auf der die Luft jetzt *t r o c k e n - a d i a b a t i s c h* absinkt. Die Wolkenbasis (Untergrenze der Wolken) ist in diesem Falle im L u v (dem Wind zugewandte Seite) und im L e e (dem Wind abgewandte Seite) in der gleichen Höhe zu finden (siehe Abb. 33).

Abb. 33

Wolkenbildung durch Hebung an Hindernissen

Handelt es sich bei der anströmenden Luft um **sehr feuchte Luft**, so liegt das K o n d e n s a t i o n s - n i v e a u s e h r t i e f und die Wolkenbildung setzt schon kurz nach der beginnenden Hebung ein. D i e w e i t e r e Abkühlung geht nun bis zum Gipfelniveau f e u c h t a d i a b a t i s c h vonstatten. Die überschüssige Feuchte (Übersättigung), die jetzt durch den kontinuierlichen feuchtadiabatischen Aufstieg entsteht, wird von der Luft als N i e d e r s c h l a g ausgeschieden (starke Regenfälle an der Luvseite). Dadurch verringert sich der tatsächliche Wassergehalt, also die absolute Feuchte der Luft, beträchtlich. Das bedeutet : die Luft wird t r o c k e n e r. Nach dem Überströmen des Gipfelniveaus sinkt diese - durch die Niederschläge auf der Luvseite um Feuchtigkeit beraubte - Luft auf der Leeseite des Gebirges t r o c k e n a d i a b a t i s c h ab. Die Wolken lösen sich meist schon an den höchsten Punkten des Hindernisses (Gebirge) auf, die Luft e r w ä r m t sich um **1° C pro 100 m** Höhenverlust und t r o c k n e t a u s. In den Niederungen auf der Leeseite kommt die absinkende Luft oft als s t ü r - m i s c h e r u n d t u r b u l e n t e r F a l l w i n d sehr viel wärmer und trockener an, als sie vor dem Aufstieg an der Luvseite war **(siehe auch 10.6 'Lokale Windsysteme, Föhn').**

Diese Erscheinung ist uns vor allem von der A l p e n n o r d s e i t e her als *F ö h n* bekannt. Die auf der Leeseite des Gebirges (Alpennordseite) auftretende Wolkenmauer an den Gipfeln der Berge - dort, wo die Wolken sich auflösen - wird auch als F ö h n m a u e r bezeichnet.
Fälschlicherweise wird häufig angenommen, daß solche Föhnerscheinungen nur in den Alpen auftreten. *F ö h n* ist aber an allen Gebirgen, d i e q u e r z u r W i n d r i c h t u n g l i e g e n, generell möglich.

Besonders starke Turbulenzen sind beim Föhn *im Fallwind auf der Leeseite* zu finden, nämlich dort, wo der heftige Föhnsturm in eine normal fließende Luftströmung übergeht. Hier bilden sich die *R o t o r e n* mit 'Rollcumulus-Wolken' **(siehe Abb. 34).**

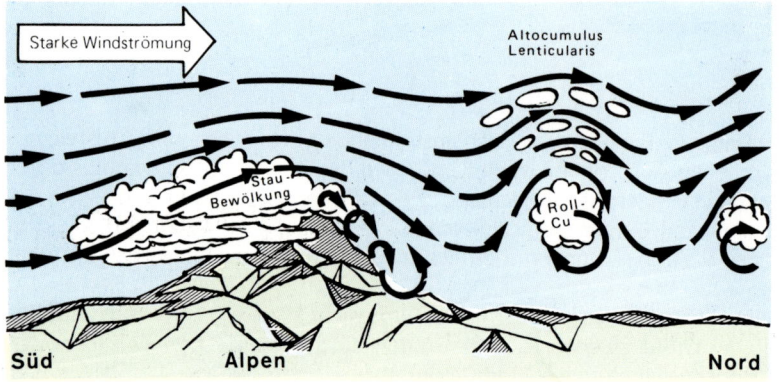

Abb. 34

Wolkenbildung durch H ebung sehr feuchter L uft an Gebirgen mit Föhneffekt

6.6a Entstehung von Wogenwolken (Altocumulus lenticularis) im Zusammenhang mit Föhn

Nicht selten sind im Zusammenhang mit F ö h n *Wogenwolken* zu beobachten, die in der Fachsprache als *Altocumulus lenticularis* (linsenförmige Ac-Wolken) bezeichnet werden (siehe Abb. 34). Sie entstehen über und hinter dem Gebirge, durch das die Luft mittels Hebung zu vertikalen Schwingungen gezwungen wurde. In höheren Luftschichten entstehen Schwingungen, die man auch *Wellen* nennt. Diese Wellen reichen auf der Leeseite oft e i n i g e h u n d e r t K i l o m e t e r weit und deuten an, daß das verursachende Gebirge von einer sehr schnell fließenden Luftmasse überströmt wird.

6.7 Wolkenbildung infolge turbulenter Durchmischung von Luft

Ausgedehnte Schichthaufenbewölkung (Stratocumulus =Sc) entsteht häufig durch eine sogenannte *'dynamische Konvektion'*. Es geht hierbei um eine durch den Wind hervorgerufene senkrechte Durchmischung der bodennahen Luftschichten, die durch Unebenheiten des Erdbodens verursacht wird.

Die bodennahe Luft wird infolge der mechanischen Durchmischung bis zur von einigen hundert bis tausend Fuß hochreichenden Obergrenze der Turbulenzzone befördert, wobei sie sich *adiabatisch abkühlt.* Wird durch die adiabatische Abkühlung der Taupunkt erreicht, so bildet sich an der Obergrenze der Turbulenzzone eine Schichthaufenwolkenansammlung (Sc) mit einer scharf abgegrenzten, welligen Oberseite.

In den so entstandenen Sc - Wolken und darunter trifft der Flieger immer eine mehr oder minder starke Turbulenz an, die den Flug sehr unruhig gestaltet.

6.8 Wolkenbildung durch Ausstrahlung (Strahlungswolken)

Bei Strahlungsvorgängen weist der Wasserdampf - wir erinnern uns - besondere Eigenschaften auf. Er kann die langwellige Erdtsrahlung absorbieren (schlucken) und sendet andererseits seiner Temperatur entsprechend eine Strahlung zur Erde zurück (siehe 'Glashaus - oder Treibhauseffekt').

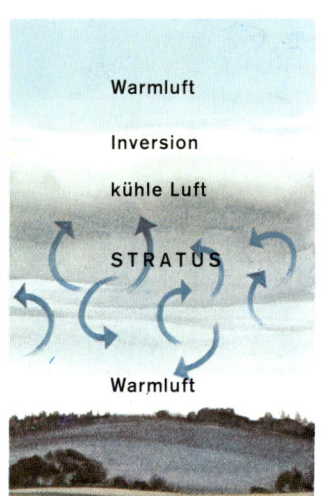

An Dunstobergrenzen (Wasserdampfkonzentration) unterhalb einer I n v e r s i o n verursacht diese Ausstrahlung zur Erde zurück eine A b k ü h l u n g. Erreicht die Luft bei der Abkühlung unterhalb der Inversion den Taupunkt, so bildet sich bei s t a b i l e r Atmosphäre eine *S c h i c h t w o l k e n d e c k e* (Stratus), die bei b o d e n - n a h e n Inversionen in sehr n i e d r i g e n Stratus (low St) übergehen kann, der manchmal bis zum Boden absinkt (Nebel).

(Siehe nebenstehende Abbildung)

Abb. 35   Bildung von Stratus-Bewölkung

Die am T a g e e i n f a l l e n d e S o n n e n s t r a h l u n g ist in der Lage, mit ihrer infraroten Wellenlänge die n i e d r i g e n S t r a t u s - o d e r N e b e l s c h i c h t e n zu durchdringen und so den E r d b o d e n z u e r w ä r m e n , den N e b e l somit also v o n u n t e n h e r a u f z u l ö s e n.

Im Winter hingegen, bei einem ausgeprägten kontinentalen Hoch (Festlandhoch), kann man beobachten, daß die Sonne unter gleichen Verhältnissen, jedoch durch schräge Strahlung und kurze Sonnenscheindauer behindert, oft n i c h t i n d e r L a g e i s t , g e n ü g e n d W ä r m e an den Erdboden abzugeben und somit keine Nebelauflösung möglich ist. *Bei solchen Verhältnissen ist mit einer länger anhaltenden N e b e l - o d e r H o c h n e b e l p e r i o d e zu rechnen.*

6.9 Wolkenbildung durch hochfliegende Flugzeuge (Kondensstreifen)

Sehr hoch fliegende Flugzeuge sind oft durch einen mehr oder weniger langen Schweif zu erkennen, der sich hinter dem Flugzeug bildet. Solche **'Kondensstreifen'** entstehen in größeren Höhen (über 10 km) bei Temperaturen unter $-40\,°C$, wenn Wasserdampf und kleinste Kondensationskerne durch Treibstoffverbrennung im Triebwerk in die sehr kalte Luft austreten und plötzlich abkühlen.

Sind in diesen Höhen schon C i r r e n vorhanden (Zeichen für feuchte Luft), so können sich K o n d e n s s t r e i f e n   s e h r   l a n g e - manchmal über Stunden - halten, weil die feinen Wassertröpfchen sofort zu Eiskristallen gefrieren. Sie lassen sich dann kaum noch von den n a t ü r l i c h entstandenen Wolken unterscheiden. Ist die L u f t jedoch sehr t r o c k e n, dann v e r s c h w i n d e n   d i e   K o n d e n s s t r e i f e n schon nach k u r z e r   Z e i t.

7.0 Wolkenarten (Einteilung der Wolken)

Für den Flugzeugführer ist es sehr wichtig, die Wolken nach den verschiedenen Gruppen (Wolkenfamilien) und nach ihrer *E n t s t e h u n g s a r t* unterscheiden zu können. Genaue Kenntnis der Unterscheidungsmerkmale ermöglicht es dem Flieger - wie wir später noch sehen werden - die unterschiedlichen Wetterlagen i d e n t i f i z i e r e n und b e u r t e i l e n zu können. Somit wird er in die Lage versetzt, *potentielle Gefahren rechtzeitig zu erkennen*, die mit den einzelnen Wolkenarten verbunden sind (z.B. starke Turbulenz, Vereisung oder Sichtrückgang).

Die Meteorologie hat alle auf der Erde vorkommenden Wolken - ungeachtet ihres vielfältigen Formenreichtums - zu c h a r a k t e r i s t i s c h e n   G r u p p e n (Familien) zusammengefaßt; diese bestehen wiederum jeweils aus verschiedenen Arten und Typen. Sie treten innerhalb der Troposphäre (Wetterstockwerk der Atmosphäre) in festliegenden, teils bevorzugten, Höhen (Stockwerken) auf:

1. *U n t e r e s Stockwerk* (ohne spezielle Bezeichnung): Es erstreckt sich **vom Boden bis** zu einer Höhe von **6500 Fuß (2000 m)** und beherbergt die *tiefen Wolken*.

2. *M i t t l e r e s Stockwerk* (lat.: altus): Es umfasst das Höhenband **von 6500 bis 20000 Fuß (2000 bis 6000 m)**. Die darin vorkommenden Wolkenarten sind sogenannte *mittelhohe* oder *mittlere Wolken*, die immer die Vorsilbe *'alto'* haben.

3. *O b e r e s Stockwerk* (lat.: cirrus): Es befindet sich zwischen **20000 bis 40000 Fuß (6000 bis 12000 m)**. Hier treffen wir die *hohen Wolken* an, die alle mit der Vorsilbe *'cirro'* beginnen. Die Obergrenze des hohen Stockwerks liegt in den P o l a r g e b i e t e n generell t i e f e r a l s i n d e n   t r o p i s c h e n   B r e i t e n, aber **immer an der Tropopause**.

In diesen drei Wolkengruppen treten nun wieder *z w e i   G r u n d t y p e n   (A r t e n)* auf, die man nach ihrer E n t s t e h u n g s a r t unterscheidet:

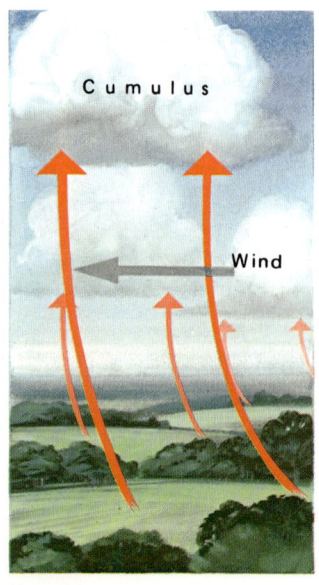

Abb. 36

a) *S c h i c h t w o l k e n (Stratus)* bilden sich fast immer dann, wenn ganze L u f t s c h i c h t e n so weit a b k ü h l e n (z.B. durch Aufgleiten auf vorgelagerte kältere Luft), daß das K o n d e n s a t i o n s n i v e a u erreicht wird. Sie sehen einförmig aus und haben kaum Helligkeitsunterschiede oder schärfere Konturen. Häufig treten solche S c h i c h t w o l k e n   i n   a u s g e d e h n t e n   F e l d e r n oder großen, weiträumigen S c h i c h t e n auf, die sich n u r   i n   s t a b i l e r   L u f t bilden können.

b) *Q u e l l w o l k e n (Cumulus)* entstehen durch örtliche, v e r t i k a l e   H e b u n g   (K o n v e k t i o n)   f e u c h t e r   L u f t bis zum K o n d e n s a t i o n s n i v e a u. Mit ihren bizarren Konturen, wie Ballen und Walzen, deuten sie auf **labile Verhältnisse** in der Atmosphäre hin. Ihre Obergrenzen liegen meist an einer Inversionsschicht mit stabiler Luftschichtung, die die Konvektion, also den vertikalen Luftaufstieg, zum Stillstand bringt.

Unter ihnen ist immer eine Instabilität (L a b i l i t ä t) vorhanden, die Quellwolken mit mehr oder minder großer Mächtigkeit entstehen läßt.

7.1 Die gerade besprochenen G r u n d a r t e n (Typen) von Wolken haben, wie kann es auch anders sein, viele U n t e r g a t t u n g e n. Fangen wir mit den *Gattungen der Quellwolken* an:

a) *C u m u l u s (Cu)*

Abb. 37   *C u*

Helle, dichte Wolken, die sich vertikal in die Höhe ausdehnen. Sie 'quellen' im wahrsten Sinne des Wortes empor. Ihre Untergrenze ist flach, während die Obergrenzen unterschiedliche bizarre Formen (Blumenkohl) aufweisen. Sie treten meist einzeln auf und die Sonnenseite des Cumulus ist schneeweiß. Die Wolkenbasis (Untergrenze) und die Schattenseite sehen fast immer grau aus. Sogenannte *'Schönwettercumuli'* (Konvektion durch Sonneneinstrahlung) sind in ihrer Ausdehnung zur Seite und nach oben sehr klein und lösen sich am Abend, wenn die Sonneneinstrahlung nachläßt, wieder auf.

Aus sich auftürmenden, g r ö ß e r e n Cumulus-Wolken können manchmal recht beachtliche R e g e n - oder S c h n e e s c h a u e r auftreten (siehe Abb. 37). Alle C u m u l u s - W o l k e n treten im **unteren Stockwerk** auf; sie können bis in das m i t t l e r e S t o c k w e r k (Cu) oder o b e r e S t o c k w e r k (Cb siehe b) anwachsen.

b) *C u m u l o n i m b u s (Cb)*

Abb. 38   *C b*

entsteht aus sich immer weiter auftürmenden Cumulus-Wolken bei sehr labiler Luftschichtung. Seine U n t e r g r e n z e liegt fast immer im u n t e r e n Stockwerk (unter 6500 ft/2000 m), während die O b e r g r e n z e n häufig durch unbegrenzte Konvektion bis zur Tropopause vorstoßen. Dort flacht die Obergrenze des Cb - bedingt durch die S p e r r s c h i c h t Tropopause (Inversion oder Isothermie) - ab. Starke Höhenwinde zerfetzen die manchmal sehr schönen Quellungen zu langen Fahnen (Cirren').

Treten solche *Cb* auf, dann ist mit *Gewittern* zu rechnen, denn der Cb ist eine ausgesprochene Gewitterwolke, die aus größerer Entfernung wegen ihrer Mächtigkeit wie ein Berg aus weißer Watte aussieht.

An der Untergrenze breiten sich Cumulonimbus-Wolken über große Flächen aus. S t a r k e N i e d e r s c h l ä g e *(Regen-, Schnee- oder Hagelschauer)* sind typische Begleiterscheinungen.

B l i t z s c h l a g und D o n n e r deuten auf Gewittertätigkeit innerhalb, unterhalb und zwischen den einzelnen Cumulonimben hin (siehe Abb. 38 und - ab 2. verbesserte Auflage - Kapitel 14.0 'Gewitter')

M e r k e : Flugzeugführer sollten solche Cb-Wolken und deren n ä h e r e Umgebung aus Sicherheitsgründen (starke Turbulenz, Blitzschlag und Vereisung) u n b e d i n g t m e i d e n !

c) *A l t o c u m u l u s (Ac)*

Abb. 39   *A c*   *A c cas*

ist ein flacher Cumulus, der in m i t t l e r e n Höhen (6500 bis 20 000 ft / 2000 bis 6000 m) auftritt. Er besteht aus abgeflachten, tellerförmigen oder kugelförmigen kleinen Wolken. Ac tritt oft in Gruppen, Streifen oder größeren Flächen am Himmel auf.

Eine Abart, der *Altocumulus castellanus (Ac cas)*, ist durch t u r m f ö r m i g e Quellungen an der Oberseite gut zu erkennen. Er ist häufig der V o r b o t e von G e w i t t e r n.

links: Altocumulus - Ac
rechts: Altocumulus castellanus - Ac cas

Abb. 40 Cc   Abb. 41 Sc

d) Cirrocumulus (Cc)

ist eine sehr feine, aus kleinen zerbrechlich wirkenden Wölkchen bestehende Form der Quellwolken im oberen Stockwerk (20000 bis 40000 ft = 6000 bis 12000 m) Sie treten oft in Gruppen, Streifen oder Linien am blauen Himmel auf und werden im Volksmund 'Schäfchen-Wolken' genannt (Abb. 40).

e) Stratocumulus (Sc)

auch Schichthaufenwolke genannt, stellt eine Mischform dar. Auftreten im unteren Stockwerk (unter 6500 ft = 2000 m). Stratocumulus ist durch Helligkeitsunterschiede, Konturen, Ballen oder Walzen gut von anderen Wolkenarten zu unterscheiden.

An der Obergrenze besteht eine stabile Schichtung (Inversion), während darunter Instabilität (Labilität) mit mäßiger bis starker Turbulenz herrscht (siehe Abb. 41).

7.2 Doch nun zu den Gattungen der Schichtwolken:

Abb. 42 St

Abb. 43 Ns

a) Stratus (St) ist eine grau aussehende Schichtwolke mit gleichförmiger Untergrenze, die sehr tief liegen kann. Der reine Stratus kann mit dem Nebel verglichen werden, er liegt jedoch nicht am Erdboden auf. Er gehört zu den *tiefen Wolken* des unteren Stockwerks (unter 6500 ft / 2000 m) und tritt fast immer im Zusammenhang mit Warmfronten auf, bei denen wärmere feuchte Luft langsam in ganzen Schichten über kältere vorgelagerte Luft flach aufgleitet (siehe 'Wolkenbildung') und dabei abgekühlt wird.

Langanhaltende Niederschläge (Nieselregen oder feiner Schnee) sind oft die Folge. Für den **VFR-Flieger** sind hierbei die größten Gefahren: Niedrige Wolkenuntergrenzen, schlechte Sicht und lange Regenperioden - über große Gebiete verteilt (siehe nebenstehende Abb. 42)!

b) Nimbostratus (Ns) ist eine sehr dichte dunkelgraue bis schwarze Schichtwolke, deren Untergrenze im unteren Stockwerk (unter 6500 ft / 2000 m) liegt. Auftreten oft in Verbindung mit einer Warmfront. Auswirkung ist dann der ununterbrochene Niederschlag, der als *Landregen* bekannt ist; im Winter *Dauerschneefall!* Ns bildet sich manchmal in mächtigen Schichten an Warmfrontaufgleitflächen. Die Obergrenzen sind häufig erst im mittleren oder hohen Stockwerk zu finden.

Der **Ns** ist - allgemein betrachtet - eine ausgeprägte, immer mit **Regen-** oder **Schneefall** verbundene *Schlechtwetterwolke,* die die gleichen **Gefahren für den VFR-Flieger** mit sich bringt wie der Stratus, nämlich : Schlechte Sicht durch hohe Feuchtigkeit, niedrige, fast zum Boden reichende Untergrenzen und starke Niederschläge (nebenstehende Abb. 43)!

c) Altostratus (As) ist eine mittelhohe Schichtwolke (6500 bis 20000 ft / 2000 bis 6000 m), die auch häufig bei Warmfronten als Aufgleitbewölkung zu sehen ist. Sonne und Mond sind durch die relativ dünne Schicht oft noch zu sehen (Abb. 44), doch die Sterne bei Nacht haben nicht genügend Leuchtkraft, um diese Schichtwolken zu durchdringen. Aus tieferen, dichteren Altostratusdecken von Warmfronten (die Untergrenze sinkt ab und geht später in **St** oder **Ns** über) fällt manchmal der erste, leichte Regen und die Sicht verschlechtert sich schnell.

Fliegt man einer W a r m f r o n t entgegen und kommt dabei in den Bereich der Altostratusbewölkung mit leichtem Regen, so wird es Zeit sich z u r U m k e h r zu entschließen; denn der Altostratus geht jetzt langsam aber sicher in N i m b o s t r a t u s oder S t r a t u s mit sehr **niedrigen Untergrenzen** über. Die S i c h t wird s c h l e c h t und s t a r k e r R e g e n oder Sprühregen setzt ein. Im W i n t e r ist bei entsprechenden Temperaturen mit S c h n e e f a l l zu rechnen.

Abb. 44   *As*

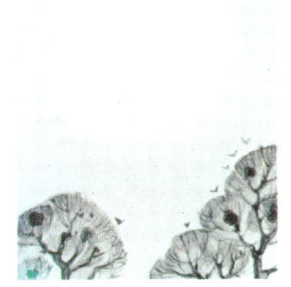

d) *C i r r o s t r a t u s (Cs)* ist eine dünne, milchig-weiße S c h i c h t w o l k e des hohen oder oberen Stockwerks (20 000 bis 40 000 ft / 6000 bis 12 000 m).   Die Sonne scheint durch diese Schicht wie eine Lampe durch Milchglas. Um die Sonne (bei Nacht um den Mond) bilden sich sogenannte *Halos* (weißliche Ringe), die den C i r r o s t r a t u s gut kennzeichnen und eine Verwechslung mit dem A l t o s t r a t u s ausschließen. (siehe Abb. 45 und 46).
Bei *Altostratus oder Altocumulus* bildet sich ein sogenannter *H o f*, der durch Beugung von Lichtstrahlen an den Wassertröpfchen entsteht (siehe Abb. 47)
Eine Halo-Erscheinung an C i r r o s t r a t u s entsteht hingegen durch Brechung des Lichts an den feinen Eisnadeln des Cirrus (Cs-Wolken bestehen immer aus feinen Eisnadeln).
Cirrostratus ist oft ein Vorbote für A u f g l e i t b e w ö l k u n g v o n W a r m f r o n t e n mit Regen, denn er geht oftmals in Altostratus, Nimbostratus oder Stratus über.

e) *C i r r u s (Ci)*   ist eine sehr feine, federartige oder faserige E i s w o l k e des oberen Stockwerks. Man kann sie weder den Haufen- oder Quellwolken noch den Schichtwolken zuordnen. Sie bedecken oft den Himmel vollständig und Sonne oder Mond sind gut sichtbar. *Alle Cirrus-Arten (Ci, Cs, Cc)* bestehen im Gegensatz zu den Wolken des mittleren Stockwerks (Alto-Gruppe) und des tiefen Stockwerks *(Cu, St, Sc)* immer **aus feinen Eiskristallen**. Es sind also E i s w o l k e n (Abb. 48).

f) *A m b o ß c i r r e n* sind häufig an C u m u l o n i m b u s - O b e r g r e n z e n zu sehen, wenn diese durch u n b e g r e n z t e K o n v e k t i o n bis in das h o h e W o l k e n n i v e a u vorstoßen. Die feinen Wassertröpfchen gefrieren dann zu E i s k r i s t a l l e n und bilden - durch starke H ö h e n w i n d e bedingt - die recht seltsame Form eines A m b o s s e s. Der Höhenwind an der Troposphärenobergrenze (Tropopause) z e r f e t z t die bizarre Cumulusform der Wolken in f e i n e C i r r e n (siehe Abb. 38, Cb).

Abb. 45
Cs

Abb. 46
Halo bei Cirrostratus (Cs)

Abb. 47
*Hof bei Altostratus (As)
oder Altocumulus (Ac)*

Abb. 48
Ci

7.3 Klassifizierung der Wolken

Einteilung nach Höhe der Untergrenze	Hauptarten	Abkürzung im METAR oder TAF und Symbol	Merkmale und Besonderheiten (Schichtdicke, Turbulenz, Vereisung)
Tiefe Wolken Untergrenze unter 6500 ft / 2000 m	*Cumulus	Cu ⌒	*Schönwetter-Quellwolke* aus Wasser; Mäßige bis starke Vereisung und Turbulenz!
	Fractocumulus	Fc - - -	*Tiefe, zerfetzte Quellwolke* bei hoher Luftfeuchtigkeit; Turbulenz/Vereisung, mäßig bis stark!
	*Cumulonimbus	Cb ⌓	*Bis ins hohe Niveau reichende Quellwolke (Gewitter);* Turbulenz und Vereisung stark!
	Stratocumulus	Sc ⌣	*Aus Stratus und Cumulus bestehende Wolkenart* - Schichtdicke ca. 500-3000 ft; Vereisung/Turbulenz, leicht bis mäßig!
	Stratus	St —	*Graue Schichtwolke* - Schichtdicke ca. 3000 bis 10000 ft; Vereisung leicht bis mäßig!
	Fractostratus	Fs - - -	*Tiefe Schichtwolkenfetzen* - bei hoher Luftfeuchtigkeit; tritt oft bei starkem Regen unter Nimbostratus auf!
	Nimbostratus	Ns ∠	*Mächtige Schichtwolke mit starken Regenfällen* - Schichtdicke bis 20000 ft und mehr; Turbulenz leicht bis mäßig, Vereisung stark!
Mittelhohe Wolken (von 6500 bis 20000 ft / 2000 bis 6000 m)	Altocumulus	Ac ⌣⌣	*'Schäfchenwolke'* - bestehend aus unterkühltem Wasser; Turbulenz/Vereisung leicht bis mäßig!
	Altostratus	As ∠	*Schichtwolke im mittelhohen Niveau* - oft beachtliche Mächtigkeit (Warmfront) Leichte Vereisung möglich!
Hohe Wolken (über 20000 ft / 6000 m)	Cirrus	Ci ⌐	*Federartige Wolken* in großer Höhe; Keine Vereisung!
	Cirrostratus	Cs ⌢⌢	*Schichtwolke in großen Höhen,* (schleierartig und sonnendurchlässig); Keine Vereisung!
	Cirrocumulus	Cc ⌒⌒	*Flockenartige Quellwölkchen in großen Höhen;* Keine oder nur leichte Vereisung!

✱ = **Cumulus** und **Cumulonimbus** sind Quellwolken mit vertikaler Entwicklung. Ihre Untergrenze liegt normalerweise unter 6500 Fuß (2000 m), kann aber manchmal etwas höher zu finden sein. Die Obergrenze von **Cumulonimbus (Cb)** kann - je nach geographischer Breite - bis zu 60000 Fuß (18000 m) hochreichen (Tropopause).

7.4 Messungen der Wolkenuntergrenzen

Die Bestimmung der Wolkenuntergrenze erfolgt:

Am Tage:
1. Durch Schätzungen
2. Durch Messung mit dem Ceilometer

Bei Nacht: Mit dem schon erwähnten Ceilometer oder Wolkenscheinwerfer (siehe Abb. 49)

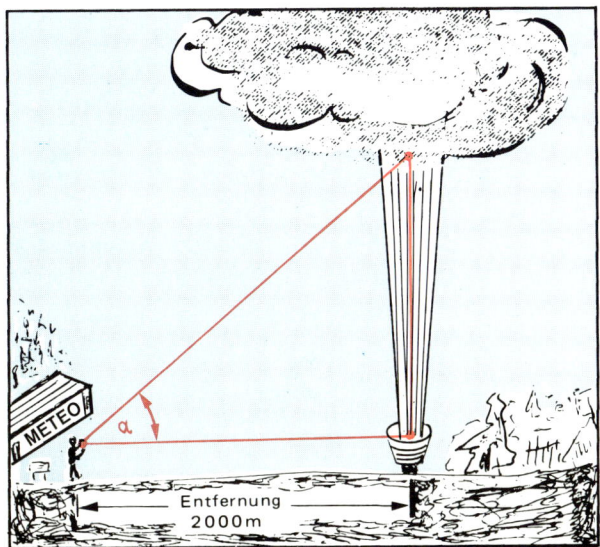

Abb. 49

Bestimmung der Wolkenuntergrenze mit dem Ceilometer (Wolkenscheinwerfer)

Bei diesem Meßverfahren macht sich der Wetterdienst die Bestimmung der Wolkenuntergrenze mit Hilfe der Tangens-Winkelfunktion recht einfach.
Entscheidend ist hierbei die Distanz zwischen dem Beobachter (der mit einem Winkelsextanten ausgerüstet ist) und dem Wolkenscheinwerfer, sowie der Winkel Alpha, den der Beobachter mit dem Sextanten festlegt.

Die Untergrenze ergibt sich hierbei aus folgender Formel:

$$\text{Untergrenze} = \text{Distanz} \times \text{tg Alpha}$$

Entstehen Cumuluswolken (Cu) bei ungehinderter Sonneneinstrahlung durch thermische Konvektion (Schönwettercumuli), so kann man deren Untergrenze - sofern die Luft am Meßort aufgestiegen ist - mit folgender Faustformel sehr schnell und einfach ermitteln:

a) Taupunktdifferenz (Spread) x 400 = Wolkenuntergrenze in Fuß
b) Taupunktdifferenz (Spread) x 122 = Wolkenuntergrenze in Meter

Beispiele:

	Zu a)		Zu b)	
	Lufttemperatur	25°C	Lufttemperatur	25°C
	Taupunkt	15°C	Taupunkt	21°C
	Spread	10 x 400	Spread	4 x 122
Wolkenuntergrenze =		*4000 Fuß*		*ca. 500 Meter*

Zuletzt noch zu dem Begriff 'Hauptwolkenuntergrenze' (engl.: *ceiling*), der bei Flügen nach Sichtflugregeln (VFR - Flüge) eine wichtige Rolle spielt (siehe § 28, LuftVO):

Hauptwolkenuntergrenze ist die Untergrenze der niedrigsten Wolkenschicht über Grund oder Wasser, die mehr als die Hälfte des Himmels bedeckt und unterhalb 20000 ft (6000 m) liegt.

8.0 Nebelbildung, Sicht und Dunst

Am Erdboden lagernde Luftschichten können entweder durch Abkühlung oder starke Verdunstung von Wasser aus dem Erdboden (s e l t e n) zur Sättigung mit Feuchtigkeit geführt werden. Der bei der Wolkenbildung dominierende Prozess der adiabatischen Hebung von Luft spielt hier keine entscheidende Rolle.

Bei der Nebelbildung erfolgt die dazu nötige Abkühlung *durch Wärmeaustausch mit dem Erdboden* (Ausstrahlung) oder durch *Mischung verschieden temperierter Luftmassen* (warm / kalt). Deshalb müssen wir grundsätzlich zwei Arten der Nebelbildung unterscheiden:

1. Nebelbildung durch Temperaturunterschiede zwischen Erdboden (auch Wasserflächen) und darüber lagernder Luft
2. Nebelbildung durch Mischung verschieden temperierter Luftmassen (warm / kalt)

Dabei tauchen zwei Begriffe auf, die als Advektion und Konvektion bezeichnet werden:

a) *Advektion* bedeutet 'horizontale Luftbewegungen' (siehe 8.2 'Advektionsnebel').
b) *Konvektion* bedeutet 'vertikale Luftbewegungen' (siehe 4.2 'Thermische Konvektion').

8.1 Strahlungsnebel (engl.: radiation fog)

Die Abkühlung des Erdbodens während der Nachtstunden durch Ausstrahlung, ist für die Bildung von *Strahlungsnebel* verantwortlich. Die bodennahe Luft wird durch direkten Kontakt mit dem Erdboden, der sich durch Ausstrahlung abkühlt, ebenfalls abgekühlt. Die Voraussetzungen für die Bildung von Strahlungsnebel sollten wir uns genau einprägen:

1. Klare Nacht (keine Wolken), damit die Ausstrahlung nicht behindert werden kann!
2. Nur geringe Luftbewegung (oder kein Wind), da die Luft nur dann längere Zeit mit dem Erdboden in Berührung bleiben kann; bei stärkerem Wind erfolgt Durchmischung!
3. Hohe Luftfeuchtigkeit in den bodennahen Schichten!

Bei Windgeschwindigkeiten über 11 Knoten ist die Bildung von Strahlungsnebel nicht mehr zu befürchten, da die Zeit für die Abkühlung der am Erdboden aufliegenden Luft zu gering wird und eine Durchmischung mit höher lagernder Warmluft erfolgt.

Erreicht die Luft bei dieser Art der Abkühlung den Taupunkt, dann kondensiert der Wasserdampf zu feinen Nebeltröpfchen. Der so entstehende Strahlungsnebel wächst vom Boden her nach oben; er wird bei Sonnenaufgang (niedrigster Temperaturstand) seine größte Dichte erreichen.

Abb. 50
Strahlungsnebel (Radiation fog)

Ist die bodennahe Luft sehr feucht, dann wird der Nebel besonders dicht sein, da viel Feuchtigkeit (Wasserdampf) kondensieren kann. Durch die Abkühlung (Ausstrahlung) wird die Luft in Bodennähe d i c h t e r *und somit schwerer* als die darüber lagernde wärmere Luft. Es entsteht eine Inversion in Bodennähe (= Bodeninversion).
Deshalb sammelt sich der Strahlungsnebel gern in Tälern und Mulden an!

Arten von Strahlungsnebel

1. Wiesennebel (shallow fog)

Über feuchten Wiesen und Moorlandschaften ist die bodennahe Luft immer sehr feucht (Verdunstung). Manchmal reicht hier schon eine geringe Abkühlung *durch Ausstrahlung während der Nachtstunden* aus, um die bodennahen, sehr feuchten Luftschichten zur Kondensation des in ihnen enthaltenen Wasserdampfes zu zwingen. Ist die Luft ruhig (kein Wind), so bilden sich über Wiesen und Mooren bei solchen Bedingungen *sehr flache Nebelschichten,* die von einem Beobachter mit normaler Körpergröße ü b e r b l i c k t werden können.

Auf Flugplätzen liegen dann alle bodennahen Einrichtungen (wie Rollweg- und Startbahnbefeuerung) in der dünnen Nebelschicht und sind nur sehr schwer auszumachen.

2. Bodennebel (ground fog)

Bodennebel entsteht oft dann, wenn l e i c h t e r Wind und die damit verbundene Turbulenz bodennahe, durch Ausstrahlung abgekühlte Luftschichten *vom Boden abheben.* Der Nebel bildet vom Boden aus eine Schicht, die für einen Beobachter nach oben hin durchsichtig ist. Sterne und Mond sind gut zu erkennen. Höhere Gebäude (Kontrollturm des Flugplatzes) ragen häufig aus der Nebeldecke heraus und die Horizontalsicht ist aus dieser erhöhten Position nicht schlecht (über 1 km).

3. Nebel (fog)

Dichter Nebel mit einer Schichtdicke von mehreren hundert Metern kann durch verstärkte Turbulenz - bei mäßigem Wind (aber unter 11 kt) - dann entstehen, wenn a m B o d e n a u f l i e g e n d e sehr feuchte Luft (durch Ausstrahlung abgekühlt) *in größere Höhen* hinauf getragen wird. Dabei tritt häufig noch eine zusätzliche Abkühlung durch Hebung ein und es bildet sich hochreichender, für das Auge undurchdringlicher Nebel. Die Vertikalsicht ist dann meist noch schlechter als die Horizontalsicht.

4. Hochnebel (low stratus)

Wird *feuchte Luft* durch mäßige Winde über durch Ausstrahlung abgekühlten Boden *herangeführt,* so reicht meistens die Zeit nicht dafür aus, daß diese Luft ihren Taupunkt direkt am kalten Erdboden erreicht. Die vom Wind verursachte Turbulenz hebt diese bis fast zum Taupunkt abgekühlte Luft nun an und zwingt sie in geringer Höhe zur Kondensation. Dadurch bildet sich eine *sehr niedrige, stratusähnliche Wolkendecke,* die man Hochnebel oder 'low stratus' nennt.

8.2 Advektionsnebel (advection fog)

Zur Bildung von sogenanntem Advektionsnebel müssen größere *horizontale Luftbewegungen* im Spiel sein. Er entsteht dann, wenn *warme und feuchte Luft* über k a l t e n Untergrund (Land oder Wasser) geführt wird. Dabei kühlen die unteren Luftschichten ab und die darin enthaltene Feuchtigkeit gelangt zur Kondensation.

Für die Bildung von Advektionsnebel gibt es in der Natur zwei sehr anschauliche Beispiele, nämlich den Küstennebel und den Meernebel (siehe nächste Seite).

1. *Küstennebel* (coastal fog)

Diese Art von Advektionsnebel bildet sich vor allem in den *Frühjahrsmonaten,* wenn die Wasserflächen noch recht kühl sind und Luftmassen vom s c h o n   e r w ä r m t e n Land mit entsprechender Feuchtigkeit auf das Wasser abfließen. Auf dem offenen Meer bildet sich dann Nebel! Die warme, feuchte Festlandluft wird über das kalte Wasser geführt und kühlt in der unteren Schicht bis zum Taupunkt ab.

Im Herbst kommt es an den Küsten oft auch zum umgekehrten Vorgang. Jetzt fließt feuchte und warme Luft vom n o c h w a r m e n M e e r zum schon abgekühlten Festland. Gelangt eine solche vom Meer kommende feuchtwarme Luftmasse über das kühle Festland, so bildet sich ebenfalls Nebel, der sich von der Küste ins Landesinnere (dem Wind entsprechend) ausbreitet. Er ist auch unter dem Namen 'Maritimnebel' bekannt.
Diese Art der Nebelbildung ist besonders für Flugplätze, die in der Nähe von Küsten liegen, sehr gefährlich.

Abb. 51

Küstennebel

2. *Meernebel* (sea fog)

Uns ist bekannt, daß die Meere k a l t e und w a r m e Strömungen aufweisen. Der warme Golfstrom und der kalte Labradorstrom sind markante Beispiele für solche Meeresströmungen im Atlantik.

Auch hier kann es zu starker Nebelbildung auf offener See durch Abkühlung feuchtwarmer Luftmassen aus südlichen Breiten (Golfstromeinfluß) über dem kalten Wasser des Labradorstromes kommen. Alle erfahrenen Seeleute kennen den wegen seiner Dichte berüchtigten *Neufundlandnebel* vor den Küsten Nordamerikas. Weil er ein gutes Beispiel für die Bildung von Meernebel ist, wollen wir kurz seine Entstehung betrachten:

Feuchtwarme Luft aus südlichen Breiten wird nach Norden geführt. Über dem warmen Golfstrom nimmt diese Luft zusätzliche Feuchte auf und wird bei weiterem Vorstoßen nach Norden über den sehr kalten Labradorstrom geführt. Jetzt kühlt die untere Schicht schnell bis zum Taupunkt ab und es kommt auf diese Weise zu einer starken, hochreichenden Nebelbildung auf dem offenen Meer vor den Küsten Neufundlands; der Nebel hält solange an, bis die südliche Luftströmung nachläßt.

8.3 M i s c h u n g s n e b e l (mixing fog)

Treffen zwei *verschieden temperierte Luftmassen* aufeinander, so vermischen sie sich entweder h o r i z o n t a l o d e r v e r t i k a l. Ist die warme Luftmasse sehr feucht, zeigt aber noch keine Kondensations- oder Sättigungserscheinungen, dann kann - durch Mischung mit der kalten Luft - eine Temperatur entstehen (mittlere Temperatur), die zur Sättigung führt. Es bildet sich *Mischungsnebel.*

8.4 Verdunstungsnebel (auch Fluß- oder Seenebel)

Im *Herbst* ist das Wasser unserer Flüsse und Seen noch w ä r m e r als das stärker abgekühlte umgebende Land, bedingt durch die Ausstrahlungserscheinungen in längeren Herbstnächten. Die gegenüber dem Land h ö h e r e Wassertemperatur bewirkt eine i n t e n s i v e r e Verdunstung über dem Wasser. Leichte Luftströmungen von Landflächen zum Wasser hin, die in den unteren Schichten schon eine Abkühlung durch Ausstrahlung durchgemacht haben (Bodeninversion), können die von der Wasseroberfläche verdunstende Feuchtigkeit nicht mehr aufnehmen, da sie schon f a s t g e s ä t t i g t waren. Über dem Wasser tritt daher Kondensation mit Nebelbildung ein. Verweilt die zur Kondensation gezwungene Luft längere Zeit über dem wärmeren Wasser, so wird sie langsam v o n u n t e n her erwärmt und der Verdunstungsnebel löst sich auf, weil der Sättigungswert unterschritten wird. Wir erinnern uns: W ä r m e r e L u f t kann m e h r Feuchtigkeit aufnehmen!

8.5 Allgemeine Betrachtungen über Nebel, Dunst und Sicht

Der Meteorologe spricht immer dann von *'N e b e l'*, wenn die Sicht schlechter als 1000 Meter ist, obwohl wir im allgemeinen erst bei Sichten u n t e r ca. 200 Meter davon ausgehen, daß Nebel herrscht.
Als Flieger sollten wir uns auch an den Wert des Meteorologen gewöhnen, denn Sichten u n t e r 1000 Meter bedeuten für den Flugzeugführer, der nach Sichtflugregeln fliegt, daß er kaum mehr etwas sehen kann. Man hat daher die Sicht-Minima entsprechend festgesetzt. Die M i n d e s t f l u g s i c h t i m u n k o n t r o l l i e r t e n L u f t r a u m bei Flügen nach Sichtflugregeln muß 1500 m betragen!

Ist nun die Sicht besser als 1000 m, jedoch k l e i n e r als 8 km, so spricht man von *'D u n s t'*.

Einige g r u n d s ä t z l i c h e B e m e r k u n g e n zur Sicht:

Sichtschwankungen treten durch eine m e h r oder m i n d e r starke Verunreinigung der Luft auf. Von *t r o c k e n e m Dunst ('Haze')* spricht man, wenn die Luft durch schwebende Partikel, wie Staub, Verbrennungsrückstände usw., so stark getrübt ist, daß die Sicht s c h l e c h t e r als 8 km ist.

Die meisten Sichtschwankungen treten jedoch durch **einen hohen** Wasserdampfgehalt in der Luft auf. Ist hierbei die Sicht s c h l e c h t e r als 8 km, so handelt es sich um *f e u c h t e n Dunst ('Mist')*.

> M e r k e: 1. Liegt die r e l a t i v e L u f t f e u c h t i g k e i t bei schlechter Sicht unter 80%, so handelt es sich um *trockenen Dunst* (engl.: *haze*).
> 2. Ist die r e l a t i v e L u f t f e u c h t i g k e i t 80% oder höher, spricht man von *feuchtem Dunst* (engl.: *mist*).
> 3. *N e b e l* herrscht bei Sichtweiten unter 1000 Meter!

Zum Abschluß dieses Kapitels wollen wir uns - was liegt bei der Behandlung des Nebels näher? - noch mit einigen wichtigen B e g r i f f s b e s t i m m u n g e n, die die S i c h t in der Fliegerei betreffen, vertraut machen:

a) *Bodensicht (ground visibility)* ist d i e Sicht auf einem Flugplatz, die von einer amtlich beauftragten Person festgestellt wird. Hierbei werden Sichtweiten u n t e r 5000 m in Meter angegeben.

b) *Landebahnsicht (RVR - runway visual range)* für Flüge nach Instrumentenregeln ist eine speziell für IFR-Flüge gemeldete Sicht auf der Landebahn, die auf allen Flughäfen bei Bodensichten unter 1500 m laufend durch sogenannte 'Transmissiometer' gemessen wird. Diese Messungen sind für den Allwetterflugbetrieb nach Betriebsstufe II und III unbedingt erforderlich! erforderlich!

c) *Flugsicht (Flight visibility)* ist die Sicht i n Flugrichtung aus dem Führerraum des Luftfahrzeugs.

d) *Erdsicht während des Fluges (visual reference to the ground)* ist die Sicht vom Luftfahrzeug aus zur Erdoberfläche. Sie ist für die terrestrische Navigation (Sichtnavigation oder Franzen) wichtig.

9.0 Niederschlagsarten in der freien Atmosphäre und am Boden

Alle sichtbaren Erscheinungsformen des normalerweise **unsichtbaren** Wasserdampfes am Erdboden und in der Luft, die durch **Kondensation** oder **Sublimation** entstehen, nennt der Meteorologe *'Hydrometeore'*. Im allgemeinen Sprachgebrauch verwenden wir diesen Ausdruck nicht, sondern wir sprechen von *Niederschlägen*.

Erinnern wir uns doch noch einmal kurz an die schon besprochenen Möglichkeiten zur Bildung von Kondensationsprodukten (Sublimationsprodukten):

1. Die **Lufttemperatur** muß bis zum **Taupunkt** oder Sublimationspunkt **abgekühlt** werden!
2. Es tritt **Feuchtigkeitssättigung** ein, die dann in **Kondensation** oder Sublimation übergeht!
3. *Kondensation* ist die **Umwandlung des Wassers** vom gasförmigen in den flüssigen, sichtbaren Zustand!
4. *Sublimation* ist **der direkte Übergang des Wassers** vom gasförmigen in den festen oder vom festen in den gasförmigen Zustand!

Man unterscheidet nun die Niederschlagsarten nach ihrem Auftreten (wo) und ihrer Erscheinungsform (wie).

9.1 Niederschläge am Erdboden

1. *Tau (dew)* bildet sich vor allem nachts bei starker Ausstrahlung (Abkühlung) des Erdbodens an Gegenständen, die stärker abkühlen, als der Boden selbst. Der Wasserdampf der Luft kondensiert an Gräsern, Moos, Autos usw. und schlägt sich an diesen Gegenständen als Tau nieder.

2. *Reif (frost)* hat die gleiche Entstehungsursache wie Tau. Bei der Bildung von Reif liegt die Lufttemperatur unter dem Gefrierpunkt und die Gegenstände, an denen sich Reif niederschlägt, müssen bis zum Sublimationspunkt der Luft abkühlen. Der aus der Luft infolge Sättigung austretende Wasserdampf geht direkt in Reif (Eis) über und setzt sich an allen Gegenständen fest.

Merke: Alle Reifbeläge **vor dem Start vom Flugzeug entfernen**, besonders von den Tragflächen! (Siehe Band 1, 3.2 'Aerodynamik und Fluglehre')

9.2 Niederschläge (Hydrometeore) in der freien Atmosphäre

Die Kondensation innerhalb der Troposphäre ist zwar physikalisch einfach zu erklären, jedoch treten dabei immer Probleme auf, die wir einmal etwas näher beleuchten wollen.

Damit eine Kondensation in der freien Atmosphäre überhaupt möglich wird, müssen bestimmte Voraussetzungen gegeben sein:

a) Die Luft muß übersättigt sein (mit Feuchtigkeit gesättigt)
b) Es müssen Kondensationskerne in der Luft vorhanden sein.

Die Kondensationskerne müssen die freiwerdende Kondensationswärme aufnehmen, damit die sehr kleinen Wassertröpfchen, die sich nun an ihnen bilden, nicht sofort wieder verdampfen. Hierbei spielt der *Dampfdruck* - also der Teildruck des Wasserdampfes am Gesamtdruck der Atmosphäre - eine wichtige Rolle. *Über Wasser ist dieser Dampfdruck größer als über Eis.* Deshalb müssen flüssige Wolkenelemente immer zugunsten von festen (also eisförmigen) verdunsten, denn die relative Luftfeuchte über Wasser liegt in diesem Falle etwas unter dem Sättigungswert (höherer Dampfdruck), während über Eis - infolge des niedrigeren Dampfdrucks - eine Übersättigung eintritt. Die Wassertröpfchen verdunsten und der Wasserdampf kondensiert direkt an den eisförmigen Wolkenelementen (Eiskristallen) und lagert sich an ihnen an. So wachsen die Eiskristalle immer mehr an. Sie werden schwerer und fallen (wenn sie nicht mehr in der Schwebe gehalten werden können) zur Erde. In bestimmten Höhen schmelzen sie zu großen Regentropfen, die besonders bei *Ns* und *Cb* (die ja im oberen Teil aus Eis bestehen) ergiebige Niederschläge verursachen.

Eine andere Art der Niederschlagsbildung (Regen) ist der **_Zusammenfluß mehrerer Wassertröpfchen zu einem größeren Tröpfchen_**. Gäbe es diese Möglichkeit nicht, so könnte Regen ja nur aus Wolken fallen, deren Temperatur unter dem Gefrierpunkt liegt (Ns und Cb in größeren Höhen). Diese zweite Art der Regentropfenbildung geht so vor sich:

1. Wenige größere Wassertröpfchen fallen durch die Wolke, weil sie nicht mehr in der Schwebe gehalten werden können.
2. Sie kommen dabei mit schwebenden Wolkenelementen (feinste Tröpfchen) in Berührung und vereinigen sich mit ihnen.
3. Die dabei auftretende laufende Vergrößerung führt zur Bildung eines Regentropfens, der bis zur Erde fällt.

Wie wir noch aus vorhergehenden Kapiteln wissen, bilden sich bei Kondensation winzige Wolkenelemente, die einen Durchmesser von ca. 0,005 mm haben. In Stratus-Wolken (St) sind ungefähr 30 und in Cumulus-Wolken (Cu) bis zu 300 dieser Elemente (feinste Tröpfchen) in einem Kubikzentimeter enthalten. *Die Sichtweite in den Wolken kann daher sehr verschieden sein.* Sie kann bis auf einige Meter zurück gehen. Die Sinkgeschwindigkeit der Wolkenelemente ist sehr klein, so daß sie schon von schwachen Aufwinden in der Schwebe gehalten werden. (mm / Std.).

Es folgt die nähere Beschreibung der unterschiedlichen Niederschlagsformen:

1. *S p r ü h r e g e n o d e r N i e s e l r e g e n (drizzle)* entsteht durch V e r e i n i g u n g (Zusammenfluß) vieler Wolkenelemente zu einem kleinen Tröpfchen (Durchmesser ca. 0,05 mm). Die Aufwinde sind nicht mehr ausreichend, um diese Tröpfchen in der Schwebe zu halten. Sie fallen recht langsam (cm / sec.) als Nieselregen (Abk.: Dz - drizzle) oder Sprühregen zur Erde. Diese Niederschlagsart fällt oft aus stärkeren Stratus-Decken (St).

2. *R e g e n (rain)* entsteht in Wolken, die aus Eiskristallen und flüssigen Wolkenelementen bestehen (Ns / Cb). In solchen Wolken gibt es immer eine Übergangszone in einer gewissen Höhe, in der E i s t e i l c h e n und die feinen f l ü s s i g e n W o l k e n t r ö p f c h e n zusammen auftreten. Wie schon erwähnt, geht hier folgender Prozess vor sich:

   a) Der Dampfdruck über Wasser (Wolkenelemente) ist größer als der über Eis (Eiskristalle).
   b) Die Wassertröpfchen v e r d u n s t e n auf Kosten der Eisteilchen, und das verdunstende Wasser s u b l i m i e r t an den Eisteilchen in Form von kleinen Eisspießen.
   c) So entsteht ein Schneesternchen, das sich mit anderen zu einer Schneeflocke verbindet, die aus der Wolke herausfällt.
   d) In wärmeren Schichten (über 0° C) schmilzt die Schneeflocke und fällt als Regentropfen zur Erde. Regentropfen, die auf diese Weise entstanden sind, können maximal einen Durchmesser von 5 mm erreichen und fallen mit ca. 8 m / sec. zur Erde.

3. *U n t e r k ü h l t e r R e g e n (freezing rain)* kommt immer dann vor, wenn über dem Erdboden eine Kaltluftschicht unter 0°C lagert und der Regen sich - beim Fallen durch diese kalte Luftschicht - unter den Gefrierpunkt abkühlt, o h n e d a b e i s e l b s t z u g e f r i e r e n. Der gefrorene Erdboden oder Gegenstände (z.B. Flugzeuge) am Erdboden werden beim Auftreffen des unterkühlten Regens sofort mit einer sehr fest haftenden Eisschicht (Glatteis oder clear ice) überzogen.

   > A c h t u n g : F l ü g e bei solchen Wetterbedingungen in der erwähnten **Kaltluftschicht vermeiden!** Das F l u g z e u g - vor allem die **Windschutzscheibe** - v e r e i s t sofort. *Keine Sicht mehr nach außen!* Das F l u g z e u g wird durch den E i s a n s a t z immer s c h w e r e r und die a e r o d y n a m i s c h e n V e r h ä l t n i s s e (A u f t r i e b / W i d e r s t a n d) v e r s c h l e c h t e r n sich wesentlich!

4. *E i s n a d e l n (Polarschnee)* bilden sich oft dann, wenn bei sehr tiefen Temperaturen genügend S u b l i m a t i o n s k e r n e vorhanden sind, die hier den gleichen Zweck wie die Kondensationskerne bei der Kondensation erfüllen. Tritt bei solchen Bedingungen Sättigung ein, die ja über Eis infolge des geringeren Dampfdrucks schneller erreicht wird, so wird Wasserdampf sofort in E i s (fester Zustand) umgewandelt (Sublimation).

Dabei bilden sich an den Sublimationskernen feine Eisnadeln, die kaum mit dem Auge wahrzunehmen sind. An kalten Tagen, bei Temperaturen unter $-25°C$, kann man diese Erscheinung oft beobachten. Dann fallen diese feinen Eisnadeln wie Flimmer aus dem blauen Himmel heraus, der im Sonnenschein gut zu erkennen ist (Glitzern).

5. *Griesel (grains)* bildet sich durch V e r g r a u p e l u n g an kleinen Eiskristallen oder V e r e i n i g u n g u n t e r k ü h l t e r W o l k e n t r ö p f c h e n, die bei der Berührung miteinander sofort gefrieren (Erschütterung). Griesel besteht aus kleinen undurchsichtigen Körnern weißer Farbe, die kleiner als 1 mm sind.

6. *S c h n e e (snow)* fällt immer dann, wenn die Temperaturen n a h e a m G e f r i e r p u n k t liegen und einzelne Schneesterne sich mit anderen zu einer Schneeflocke 'verhaken'. Sind die Luftschichten, durch die sie fallen, nicht wärmer als $0°C$, so kommen sie auch am Erdboden als Schnee an (vergleiche hierzu auch 2. Regen).

7. *E i s k ö r n e r (ice pellets)* entstehen, wenn Schneeflocken oder Schneesternchen kürzere Zeit durch eine zwischengelagerte Warmluftschicht (über $0°C$) fallen und zu schmelzen beginnen. Die Zeit reicht jedoch nicht zum vollständigen Schmelzen aus und das Wasser um den Kern der Schneeflocke gefriert nach Eintritt in eine kältere Luftschicht (unter $0°C$) sofort wieder. Dabei bilden sich klare Eiskörner, die einen Durchmesser wie Regentropfen haben (bis zu 5 mm). Oft wird diese Niederschlagsart auch gefrorener Regen genannt.

8. *G r a u p e l (soft hail)* bildet sich häufig in C u m u l o n i m b u s (C b), die ja, wie wir schon wissen, s t a r k e v e r t i k a l e L u f t s t r ö m u n g e n aufweisen. Auch hier gibt es in größeren Höhen eine sogenannte Übergangs- oder Mischzone, in der Eisteilchen und flüssige Wolkenelemente zusammen auftreten. Durch die tiefen Temperaturen und den hohen Wassergehalt bedingt, frieren unterkühlte flüssige Wolkenelemente, sofort nachdem sie die Eisteilchen berühren, an ihnen fest. Auf diese Art bilden sich weißliche Körner (Graupel), deren Durchmesser größer als 1 mm ist.

Fallen die Graupelkörner in den Abwinden der Cb-Wolke unter die Frostgrenze (freezing level) oder $0°$ - Grenze, so schmelzen sie zu größeren Regentropfen. Aus dem Cb fällt dann ein k u r z e r, h e f t i g e r u n d g r o ß t r o p f i g e r Regenschauer.
Sollte die $0°$ - Grenze jedoch in Bodennähe oder direkt am Boden liegen, dann haben wir mit kurzen, heftigen G r a u p e l s c h a u e r n zu rechnen! Graupelschauer können bei Bodentemperaturen bis zu $5°C$ auftreten, da die Fallzeit durch die wärmere Luft (über $0°C$) nicht ausreicht, um den Graupel zu schmelzen.

9. *H a g e l (hail)* bildet sich ebenfalls in Cb-Wolken. Viele Graupelkörner gelangen im unterkühlten Wasserbereich des *Cb* in s t a r k e A u f w i n d s t r ö m u n g e n und können so längere Zeit in diesem Bereich verweilen. Die in den unteren Schichten größeren flüssigen Wolkenelemente lagern sich an den Graupelkörnern an, wodurch sie ständig anwachsen.
Beim Anfrieren der flüssigen Wolkenelemente an die Graupelkörner wird sogenannte *'Gefrierwärme'* frei, die einen kleinen Teil des Eises zu Wasser schmelzen läßt, das das Graupelkorn umfließt. So bekommen die Körner einen glasartigen, durchsichtigen Überzug.

Je länger solche so entstandenen Hagelkörner durch entsprechende Aufwinde im Cb gehalten werden können, umso größer werden sie (es lagern sich immer mehr flüssige Wolkenelemente an). Wird dabei ein Gewicht überschritten, bei dem die Aufwinde nicht mehr ausreichen, um das Hagelkorn weiter emporzuheben oder es in der Schwebe zu halten, so fällt es nach unten. *Hagelschauer,* in denen einzelne Körner bis zu 10 cm Durchmesser haben können, sind die Folge einer solchen Entwicklung innerhalb von Cumulonimbus - Wolken (Cb).

9.3 Niederschlagsarten

Niederschläge entstehen immer durch längere K o n d e n s a t i o n s p e r i o d e n. Dabei bilden sich in der Atmosphäre zwei Grundformen von Wolken, nämlich *S t r a t u s* und *C u m u l u s*.
Bei Niederschlägen spielen besonders die Arten

N i m b o s t r a t u s (Ns) aus der Stratus-Familie
und
C u m u l o n i m b u s (Cb) aus der Cumulus-Familie

eine große Rolle. Beide Wolkenarten sind mit bestimmten Niederschlagsarten verbunden:

1. *D a u e r n i e d e r s c h l ä g e (Landregen)* treten häufig auf, wenn g r o ß r ä u m i g s t a b i l e Warmluft über vorgelagerte Kaltluft aufgleitet (Warmfront) und sich dadurch eine m ä c h t i g e S c h i c h t w o l k e n d e c k e (Ns) bildet (siehe 11.0 - Luftmassen und Fronten). Der so entstandene Nimbostratus hat oft eine vertikale Ausdehnung von mehr als 20 000 Fuß (6000 m) und verursacht langanhaltende, ergiebige Niederschläge (siehe Abb. 52).

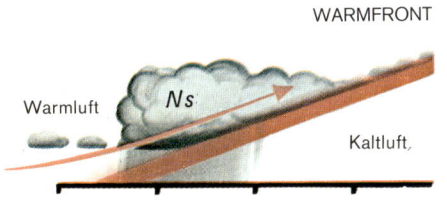

Im S o m m e r, bei hochliegender Nullgradgrenze (freezing level) fällt ausschließlich *R e g e n* aus solchen Wolken (geschmolzener Schnee).

Im W i n t e r ist bei entsprechend tiefer oder am Boden liegender Nullgradgrenze vorwiegend mit *starken Schneefällen, unterkühltem Regen oder Eiskörnern* zu rechnen.

Abb. 52 Dauerniederschläge an Warmfronten, wie sie in einem Tief entstehen. (siehe auch 'Luftmassen und Fronten'.

2. *S c h a u e r n i e d e r s c h l ä g e*

Bricht Kaltluft unter vorgelagerte Warmluft ein (siehe 'Luftmassen und Fronten' - Kaltluft), so entsteht entlang der Frontlinie ein m ä c h t i g e s Q u e l l w o l k e n s y s t e m, das starke S c h a u e r n i e d e r s c h l ä g e verursachen kann. Es handelt sich bei feuchtlabiler Luft meist um hochreichende Cb, deren starke, vertikale Luftströmungen große Wassermassen von der Basis bis in große Höhen transportieren.

In der Mischzone (flüssige Wolkenelemente und Eisteilchen) bilden sich durch Anfrieren der flüssigen Wolkenelemente (feinste Tröpfchen) an die Eisteilchen Unmengen von Graupel oder Hagelkörnern, die nach dem Fallen durch die Nullgradgrenze (freezing level) zu Regentropfen schmelzen und als *heftige Regenschauer* den Erdboden erreichen (Sommer). Manchmal treten im Sommer auch Hagelschauer auf, weil die Zeit nach dem Passieren der Nullgradgrenze nicht ausreicht, um die Hagelkörner völlig zu schmelzen. Deshalb haben wir bei solchen Wetterlagen *(K á l t f r o n t)* auch im Sommer - bei relativ hohen Temperaturen - mit *Hagelschauern am Erdboden* zu rechnen!

Im W i n t e r hingegen erreichen Cb-Wolken oft geringere Obergrenzen (ca. 1/3 der Sommerhöhe). Die vertikalen Luftströmungen innerhalb der Wolken sind sehr viel schwächer als im Sommer und es kommt bei tiefliegender Nullgradgrenze (freezing level) nur zu Graupelschauern oder nach Umwandlung der Wasserwolke in eine E i s w o l k e zu *Schneeschauern*.

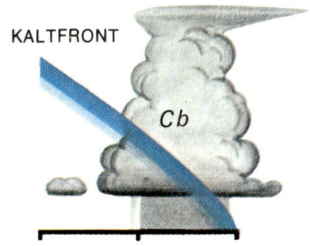

Abb. 53

Schauerniederschläge an Kaltfronten wie sie in einem Tief entstehen. (Siehe auch 'Luftmassen und Fronten')

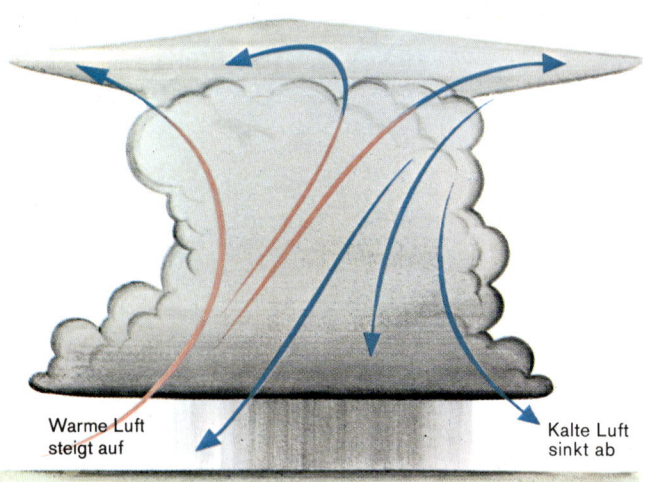

Vor allem im Sommer bei **starker Sonneneinstrahlung und feuchtlabiler Luft**, entstehen örtlich mächtige **Quellwolken (Cb)**, die oft bis zur Tropopause, also in unseren Breiten bis ca. 36000 ft (11000 m) Höhe, vorstoßen. Ist die Konvektion (vertikale Hebung feuchtlabiler Luft) besonders stark ausgeprägt, so bilden sich **örtliche Gewitterherde** (Wärmegewitter) mit starken Schauern, die man aufgrund ihrer Entstehungsgeschichte auch als 'Konvektionsniederschläge' bezeichnet. Solche Konvektionsniederschläge sind fast immer sehr intensiv und nur von kurzer Dauer, da die Wolken weiterziehen. Sie fallen in Form von großtropfigem Regen, Hagel oder Graupel zur Erde.

Konvektionsniederschlag aus Cb

Abb. 54   Örtliche Schauerniederschläge (Konvektionsniederschläge)

3. Orographische Niederschläge *(durch Hebung an Hindernissen)*

Häufig zwingen Winde feuchte Luftmassen dazu, an Gebirgen oder gebirgigen Küsten aufzusteigen. Sie kühlen sich dann bis zum Taupunkt (Sättigung mit Feuchtigkeit) ab und es bilden sich **an der dem Wind zugewandten Seite (Luv)** Wolken. Tritt dabei Übersättigung auf, so fallen auf der Luvseite mehr oder minder starke sogenannte *'orographische Niederschläge'* zum Erdboden. Die Luvseite des Gebirges ist durch Wolken und Niederschläge vollständig eingehüllt. Auf der **dem Wind abgewandten Seite (Lee)** des Gebirges sinkt die Luft ab, wird dabei erwärmt (1°C / 100 m) und trocknet aus. Die Wolken lösen sich auf und die Niederschläge lassen nach. Deshalb nennt der Meteorologe die Leeseite auch 'Regenschatten' des Gebirges.

Abb. 55

Orographische Niederschläge durch Hebung an Hindernissen.

Solche orographischen Niederschläge treten häufig an den Westküsten der USA (Rocky mountains), Norwegens und der Britischen Inseln auf. Auch die Westflanke der Alpen ist oft Schauplatz solcher Niederschläge.

Zusammenfassende Übersicht der fallenden Niederschläge:

Jahreszeit	Stratus (St) Stratocumulus (Sc)	Altostratus (As) Nimbostratus (Ns)	Cumulus (Cu) Cumulonimbus (Cb)
Sommer	Nieseln (Sprühregen)	Regen	Regenschauer Hagelschauer
Winter	unterkühlter Sprühregen Griesel Eisnadeln	unterkühlter Regen Schnee Eiskörner	Schneeschauer Graupelschauer

10.0 Der Wind - Hoch- und Tiefdruckgebiete

Der Wind, *in Bewegung geratene Luft*, ist sowohl für den Meteorologen als auch für den Flugzeugführer ein wichtiges Wetterelement. Unsere Meteorologen benötigen genaue Winddaten für alle Höhen der Troposphäre, um den zeitlichen Ablauf von Wettererscheinungen genauer zu bestimmen und um zuverlässige Wettervorhersagen machen zu können.
Als Flieger brauchen wir diese Windwerte für:

    a) die Berechnung des zu fliegenden Kurses (Luvwinkel)
    b) die Berechnung der Geschwindigkeit über Grund

Siehe auch "Der Privatflugzeugführer, Band 4A, Flugnavigation".

10.1 Ursachen für die Entstehung des Windes

Druck- und Temperaturunterschiede verursachen zwei Arten von Luftbewegungen in der Atmosphäre, nämlich *vertikale Luftbewegungen* (Auf- und Abwinde) und *horizontale Luftströmungen*, die wir allgemein als **Wind** bezeichnen.

Druckunterschiede werden immer durch **Temperaturunterschiede** hervorgerufen. Die auf die Erde einfallende Sonnenstrahlung erwärmt nicht alle Gebiete gleich stark. Wir erinnern uns: die Sonne muß in den polaren Gebieten eine viel größere Fläche mit der gleichen Energie versorgen als in Äquatornähe (siehe 4.0 - Der Wärmehaushalt der Atmosphäre). Desweiteren werden Landflächen (Kontinente) **mehr erwärmt** als Wasserflächen (Ozeane).

Die Flächen gleichen Luftdrucks würden bei gleicher Sonnenhöhe oder gleicher Bodenbeschaffenheit parallel zur Erdoberfläche verlaufen. Durch Erwärmung der Luft von der Erde aus erweitern oder vergrößern sie ihren Abstand voneinander. Da aber die Erdoberfläche nicht gleichmäßig erwärmt wird, entsteht zwischen Gebieten mit starker Erwärmung und kühleren Gebieten ein Druckgefälle, das heißt, die Druckflächen neigen sich zum kühleren Gebiet hin (sie liegen dort dichter beieinander). Ein so entstandenes Druckgefälle, das in einer bestimmten Höhe am meisten ausgeprägt ist, bewirkt eine Luftbewegung (**Wind**) in der **Höhe** *vom hohen zum tiefen Druck hin.* Dort, wo die Luft **in der Höhe** zum tieferen Druck abfließt, sinkt **am Boden** der Luftdruck (Luftabtransport), während er in dem Gebiet, wo die Luft hinströmt (Luftzufuhr), am Boden ansteigt. Dadurch entsteht in Bodennähe ein umgekehrtes Druckgefälle mit einer Luftströmung vom hohen zum tiefen Druck oder vom kälteren zum wärmeren Gebiet (siehe auch 'Lokale Windsysteme', Land- und Seewinde). Aufsteigende Luft über warmen Gebieten und absinkende Luft über kalten Gebieten (vertikale Luftströmungen) stellen eine Verbindung zu den **horizontalen** Strömungen in der Höhe und am Boden her.

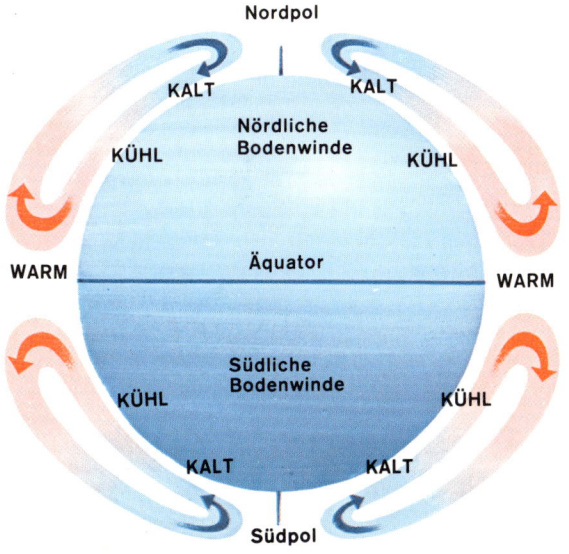

Würde unsere Erde stillstehen und eine glatte Oberfläche haben, so hätten wir eine sehr einfache Luftzirkulation. Die großen Temperaturunterschiede zwischen den heißen äquatorialen Gebieten und den sehr kalten Polargebieten würden zu einem Zirkulationssystem führen, wie wir es eben besprochen haben.

Abb. 56
Luftzirkulation auf stillstehender Erde

10.2 Die allgemeine Zirkulation

Die Atmosphäre tendiert dazu, über der gesamten Erde eine gleichmäßige Luftdruckverteilung zu erhalten. Wird dieses Druckgleichgewicht gestört, so beginnt die Luft sofort von Gebieten mit höherem Druck zu Gebieten mit tieferem Druck zu strömen. Am Äquator wird die Erde stärker erwärmt als in den nördlichen und südlichen Regionen. Deshalb steigen dort ständig erwärmte Luftmassen auf und es entsteht eine Zone tiefen Luftdrucks am Boden. Kühlere, schwerere Luft aus dem Norden und Süden dringt am Boden in diese Zone tiefen Luftdrucks am Äquator vor, um den Luftdruck wieder auszugleichen. Die kühlere Luft aus nördlichen und südlichen Breiten wird auf ihrem Weg zum Äquator natürlich erwärmt und steigt dort sofort wieder auf. Aufgrund der starken Erwärmung haben die Gleichdruckflächen am Äquator in der Höhe einen sehr viel größeren Abstand als über den kalten Polgebieten. Man könnte auch sagen, in der Höhe besteht über dem Äquator höherer Luftdruck als über den Polgebieten. Es besteht also ein *Druckgefälle,* das *in der Höhe* vom Äquator aus auf beiden Halbkugeln der Erde *polwärts* gerichtet ist. Die aufgestiegene Luft in den äquatorialen Breiten setzt sich deshalb dem Druckgefälle folgend in der Höhe nach Norden in Bewegung, sinkt in den Polgebieten wieder ab und macht sich am Boden wieder auf den Weg zum Äquator. Der Kreislauf ist geschlossen!

Da sich unsere Erde dreht, trifft dieses theoretische Zirkulationsmodell, das sich auf einen stillstehenden Erdball bezieht, leider nicht in allen Punkten zu. Die *Erddrehung* lenkt alle Luftbewegungen auf der Nordhalbkugel *nach rechts* ab; auf der Südhalbkugel ist die Ablenkung *nach links* wirksam (siehe auch 'Faktoren die den Wind beeinflussen').
Der Einfachheit halber wollen wir unsere Betrachtungen ab sofort nur noch auf die nördliche Hemisphäre beschränken.

In der Höhe werden die vom Äquator aus nach Norden wehenden Winde nach rechts abgelenkt. Nachdem sie ungefähr ein Drittel ihres Weges zum Pol zurückgelegt haben, sind sie soweit abgelenkt, daß sie nicht mehr in Richtung Nord sondern in Richtung Ost wehen (Westwind). Hier - in ca. 30° bis 40° nördlicher Breite — sammeln sich große Luftmassen an, die am Boden einen *Hochdruckgürtel* um den ganzen Erdball entstehen lassen. Ein Teil der sich dort ansammelnden Luft sinkt ab und fließt **am Boden** in Richtung Süden und Norden ab. Ein anderer Teil dieser Luftmassen setzt **in der Höhe** seinen Weg nach Norden fort, kühlt sich dabei ab und sinkt über den kalten Polargebieten ab. Deshalb bildet sich hier auch am Boden ein Gebiet hohen Drucks aus. Die polare, sehr dichte und kalte Luft beginnt nun **am Boden** ihren Weg nach Süden. Sie wird dabei ebenfalls nach rechts abgelenkt, fließt bald in südwestliche Richtungen (*nordöstliche Winde*) und trifft auf wärmere Luft, die in Bodennähe aus dem Gebiet zwischen 30° und 40° nördlicher Breite nach Norden fließt. Auch diese Luft unterlag der Rechtsablenkung durch die Erddrehung und fließt nun in nordöstliche Richtungen (*südwestliche Winde*).

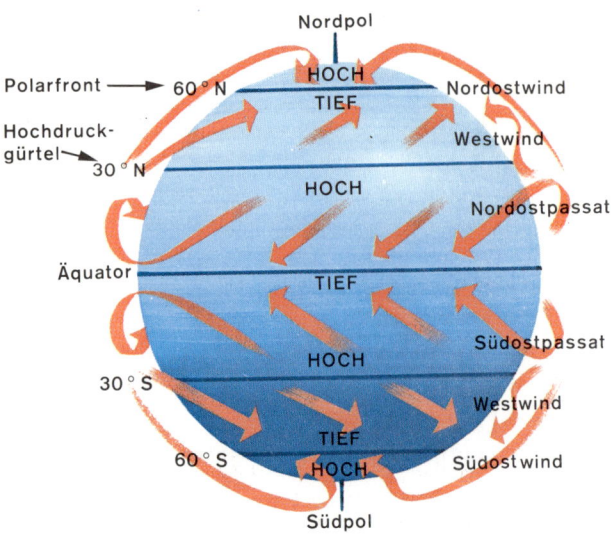

Solche gegeneinanderwehenden (konvergierenden) Winde verursachen aufsteigende Luftbewegungen (die wärmere Luft aus südlichen Breiten gleitet hier an der wie ein Keil wirkenden Kaltluft aus dem Polgebiet auf). Die aufsteigende Luft kühlt sich ab, kondensiert und es treten **Wolkenbildung** und **Niederschlag** auf. Dieser Vorgang spielt sich in ungefähr **60° nördlicher Breite** ab. Grundverschiedene Luftmassen aus den Polgebieten und den südlicheren Breiten treffen hier aufeinander und bilden die sogenannte *Polarfront*. Die an der Polarfront aufsteigende Warmluft aus dem Süden verursacht die Bildung einer *Tiefdruckfurche* in den unteren Höhen. Sie wird auch als *Tiefdruckfurche der gemäßigten Breite* bezeichnet. Hier bilden sich häufig nach Osten wandernde Tiefdruckgebiete (Zyklonen), die das Wetter in Europa stark beeinflussen (siehe folgende Kapitel).

Abb. 57   Die allgemeine Zirkulation der Luft auf sich drehender Erde

Auseinanderwehende Winde (divergierende Winde) verursachen immer absinkende Luftbewegungen, die am Boden hohen Luftdruck durch Luftzufuhr erzeugen. Solche Absinkvorgänge, mit auseinanderwehenden Winden nach Südwest zum Äquator und nach Nordost zur Polarfront hin, finden in ca. 30° nördlicher Breite statt. Sie erwärmen die Luft und sorgen für Wolkenauflösung. So bildet sich hier in den unteren Höhen ein Hochdruckgürtel, der als 'subtropischer Hochdruckgürtel' bezeichnet wird und den ganzen Erdball umspannt.

Am Äquator finden wir noch einmal - wie schon in der Polarfront in 60° nördlicher Breite - konvergierende (gegeneinanderwehende) Winde vor. Es sind der *Nordostpassat* der nördlichen Halbkugel und der *Südostpassat* der südlichen Halbkugel. Diese beiden Passatströmungen nehmen auf ihrem Weg zum Äquator sehr viel Feuchtigkeit auf und steigen an der Konvergenzlinie (Äquator) auf, wobei sie am Boden die *'äquatoriale Tiefdruckfurche'* bilden. Es ergeben sich hier beim Aufsteigen der sehr warmen und feuchten Luft hochreichende *Cb-Wolken* mit starken Gewitterschauern, die eine große Gefahr für die Fliegerei darstellen *(Obergrenze der Cb bis 60 000 Fuß reichend)*.

Abschließend sei noch bemerkt, daß sich aus dieser allgemeinen Luftzirkulation drei sogenannte *'Zirkulationsräder'* ergeben. In den Tiefdruckzonen am Äquator und in den gemäßigten Breiten, also in 0° und 60° nördlicher Breite, steigt die Luft auf, während sie in den Hochdruckzonen am Pol und in ca. 30° nördlicher Breite (subtropischer Hochdruckgürtel) absinkt.

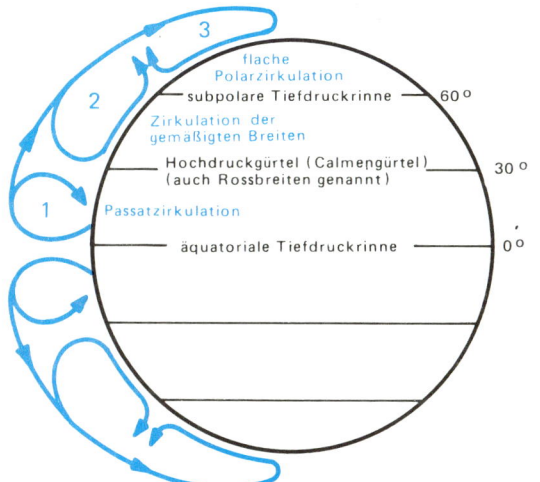

Daraus resultieren in der Senkrechten in Verbindung mit diesen Druckgebieten drei Zirkulationsräder:

1. eine flache *Polarzirkulation* zwischen 60°N und dem Pol

2. eine hochreichende *Zirkulation der gemäßigten Breiten* zwischen 30°N und 60°N

3. eine sehr hochreichende *Passatzirkulation* zwischen dem Äquator und 30°N

Abb. 58 Die drei Zirkulationsräder

10.3 Faktoren, die den Wind beeinflussen

1. Die Gradientkraft

Die Geschwindigkeit des Windes ist von der Größe des *Druckgefälles*, dem die einzelnen Luftteilchen ausgesetzt sind, abhängig. Ein Druckgefälle zwischen hohem und tiefem Druck wird auch *Druckgradient* genannt (Gradient = Gefälle einer Größe). Der Druckgradient ist eine Bezeichnung für die Neigung der Druckflächen zur Horizontalen. Auf unseren Wetterkarten kann man ein Druckgefälle, also den Druckgradienten, leicht an den Isobaren (Linien gleichen Luftdrucks) ablesen. Liegen die Isobaren weit auseinander, so handelt es sich um ein flaches Druckgefälle. (In der Höhenkarte bezeichnet man die Linien gleichen Drucks als Isohypsen). Die *Gradientkraft* ist klein und die Windgeschwindigkeit entsprechend gering.

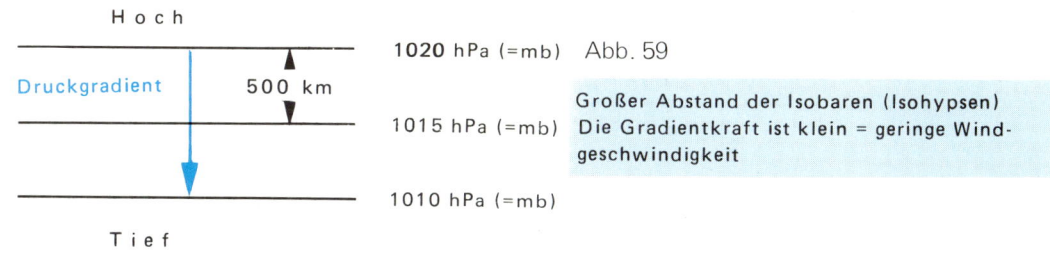

Sollten auf einer Wetterkarte die Isobaren (Isohypsen) eng beieinander liegen, dann handelt es sich um ein großes Druckgefälle mit starker Gradientkraft und hohen Windgeschwindigkeiten.

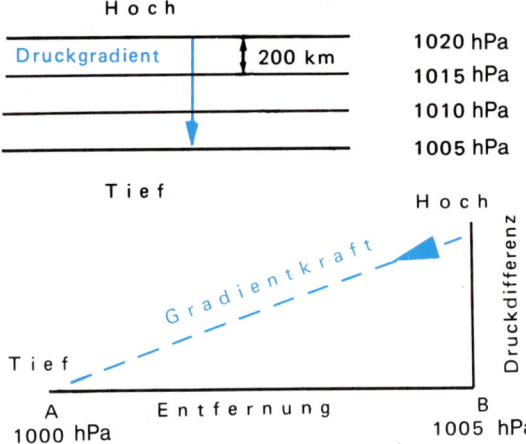

Abb. 60 und 61

Kleiner Abstand der Isobaren (Isohypsen), g r o ß e Gradientkraft und g r o ß e Windgeschwindigkeit! Die Abbildungen zeigen uns, daß das Druckgefälle (Druckgradient) von der D r u c k d i f f e r e n z zwischen Hoch und Tief und deren E n t f e r n u n g voneinander abhängig ist. Werden die Luftteilchen der Atmosphäre einem solchen Druckgefälle ausgesetzt, dann wirkt die Gradientkraft auf sie ein und sie kommen mehr oder weniger schnell zum Gebiet tiefen Drucks voran, a b h ä n g i g von der Größe des Gefälles. Die Gradientkraft wirkt senkrecht zu den Isobaren in Richtung des tiefen Drucks!

Die Luft würde also bei Druckunterschieden *aufgrund der Gradientkraft direkt* von Gebieten mit hohem Druck in Gebiete mit tiefem Druck abfließen. Doch das tut sie keinesfalls. Die durch die Gradientkraft eingeleitete Bewegung der Luft unterliegt nämlich sofort noch einer anderen Kraft, die wir bei der Behandlung der allgemeinen Zirkulation schon einmal kennengelernt haben. Sie wird durch die Erdrotation verursacht und heißt *Corioliskraft*.

2. Die Corioliskraft (ablenkende Kraft durch Erdrotation)

Alle flüssigen, festen und gasförmigen Teilchen werden bei Bewegungen auf der Nordhalbkugel durch die sogenannte *Corioliskraft nach rechts abgelenkt.* Die Größe dieser Kraft ist von der Geschwindigkeit des in Bewegung geratenen Teilchens und der geographischen Breite abhängig. Die Ursache der Ablenkung nach rechts (Nordhalbkugel) läßt sich an einem einfachen Beispiel recht gut erklären.

Nehmen wir einmal an, daß sich eine bestimmte Luftmasse durch Druckunterschiede aus der Gegend von Rom (42º N) in Richtung Norden in Bewegung setzt. Berlin liegt genau nördlich von Rom auf der geographischen Breite von 52º N. Berlin hat aber einen kleineren Abstand von der Erdachse als Rom und wird deshalb mit geringerer Geschwindigkeit in Ostrichtung gedreht (kleinere Umfangsgeschwindigkeit).

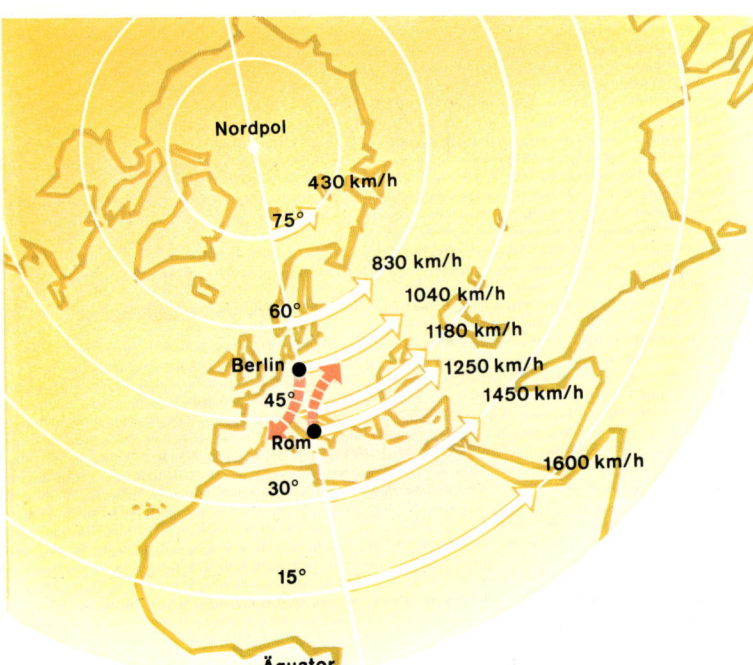

Alle Orte, die auf der geographischen Breite von Rom liegen, bewegen sich durch die Erdrotation mit ca. 1250 km/h in östliche Richtung. Auf der Höhe von Berlin beträgt die Umfangsgeschwindigkeit aber nur ca. 1040 km/h. Die aus der Gegend von Rom nach Norden strömende Luftmasse hat also eine um ca. 210 km/h höhere Ostgeschwindigkeit als die Luftmasse im Berliner Raum. Trifft die nach Nord strömende Luftmasse auf der geographischen Breite von Berlin ein, so befindet sie sich daher weiter östlich. Sie ist nach rechts abgelenkt worden und fließt aus westlichen Richtungen auf der geographischen Breite von Berlin ein (Westwind).

Abb. 62 **Einfluß der Erddrehung auf eine Luftmasse, die von Rom gegen Norden und von Berlin nach Süden zieht.**

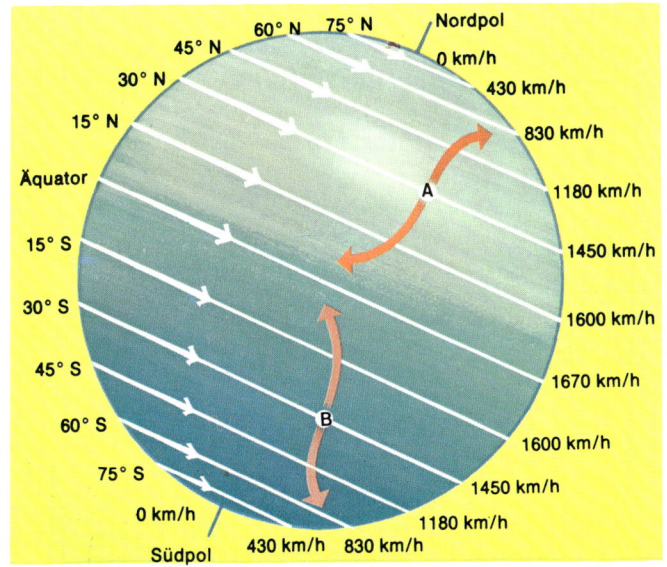

Bei umgekehrten Druckverhältnissen (hoher Druck im Norden / tiefer Druck im Süden) würde eine Luftmasse aus dem Berliner Raum nach Süden strömen. Sie würde auf der geographischen Breite von Rom durch die Rechtsablenkung westlich von Rom ankommen (Ostwind).

Abb. 63

Umfangsgeschwindigkeit der Erdoberfläche an verschiedenen Breitenkreisen. Die Unterschiede verursachen die Ablenkung der Winde nach rechts auf der Nordhalbkugel und nach links auf der Südhalbkugel unserer Erde.

Die Corioliskraft wirkt immer senkrecht zur Bewegungsrichtung der Luft, die ja eigentlich dem Druckgefälle vom hohen zum tiefen Druck folgen will (Gradientkraft). Sie will also senkrecht zu den Isobaren (Linien gleichen Drucks) zum tiefen Druck hinströmen. Die Corioliskraft bewirkt aber nun die schon besprochene Ablenkung nach rechts. Mit zunehmender Höhe wird die Luft immer mehr nach rechts abgelenkt, bis sich dann schließlich die Gradientkraft und die Corioliskraft im Gleichgewicht befinden (beide sind gleich groß) und die Luft *isobarenparallel* strömt. Diese isobarenparallele Strömung tritt nur oberhalb der Grundschicht über 5 000 Fuß (1500 m) auf, wo die Winde nicht mehr der R e i b u n g s k r a f t durch die Erdoberfläche unterliegen (siehe auch 3. 'Die Reibungskraft').

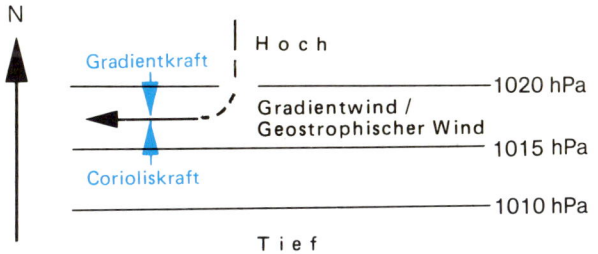

Abb. 64 Wenn sich Gradientkraft und Corioliskraft im Gleichgewicht befinden, strömt der Wind isobarenparallel und wird Gradientwind oder geostrophischer Wind genannt (über 1500 m).

Handelt es sich dabei um gerade, parallel zueinander verlaufende Isobaren, so wird dieser Wind als

g e o s t r o p h i s c h e r   W i n d

bezeichnet.
Bei gekrümmten Isobaren wird zusätzlich zur Gradientkraft noch die Zentrifugalkraft wirksam und der den Isobaren folgende Wind wird dann *G r a d i e n t w i n d* genannt.

3. Die Reibungskraft

Die Geschwindigkeit des Windes nimmt mit Annäherung an die Erdoberfläche *durch Reibungseinfluß* immer mehr ab. Direkt an der Erdoberfläche beträgt sie 0 (Null). Die Reibung findet in der sogenannten *Grundschicht bis zu einer Höhe von ca. 1500 m* statt. Über unebenem Gelände sind die Reibungskräfte natürlich größer als z.B. über glatten Wasserflächen.

Die *Reibung* des Windes mit dem Boden stellt *eine Kraft* dar, *die entgegengesetzt zur Windrichtung wirkt*. Deshalb verringert sich die Windgeschwindigkeit mit Annäherung an den Erdboden. Verringert sich aber die Windgeschwindigkeit, so wird auch die Corioliskraft, die den Wind nach rechts ablenkt, kleiner.

Die *Gradientkraft*, die den Wind direkt zum tiefen Druck hin zwingen will, *gewinnt jetzt das Übergewicht und lenkt die Strömung in den bodennahen Schichten (Grundschicht bis ca. 1500 m) nach links in Richtung des tiefen Drucks ab* (siehe Abb. 65 - nächste Seite).

Abb. 65

Reibungseinfluß in Bodennähe verringert die Windgeschwindigkeit. Die Corioliskraft läßt nach und der Wind dreht nach links.

10.4 Bestimmung des Höhenwindes mit der Höhenwind-Faustregel

Wie wir eben gesehen haben, bewirkt die Reibung des Windes mit der Erdoberfläche innerhalb der Grundschicht (bis 1500 m), daß er die *isobarenparallele Richtung verläßt.* Je mehr wir uns der Erdoberfläche nähern, umso größer wird die Ablenkung aus dieser Richtung (geringere Corioliskraft).

Merke:
- Der **Wind dreht**, je mehr man sich dem Erdboden nähert, **n a c h   l i n k s** und wird **schwächer**; die A b l e n k u n g   n a c h   l i n k s kann bei rauhem Gelände bis zu 45° betragen!
- Normalerweise d r e h t d e r W i n d vom **Erdboden** aus bis zu einer Höhe von **3000 Fuß (1000 m)** um 20 bis 30° n a c h   r e c h t s!
- In ca. 4500 Fuß (1500 m) - an der Obergrenze der Grundschicht - hört der Reibungseinfluß auf. Der Wind fließt als sogenannter *geostrophischer* oder **Gradientwind** isobarenparallel!
- Die Windgeschwindigkeit **verdoppelt sich** bis ca. 1500 Fuß (500 m) und **verdreifacht sich** bis ca. 4500 Fuß (1500 m) aufgrund des n a c h l a s s e n d e n R e i b u n g s e i n f l u s s e s!

10.5 Der Wind in Hoch- und Tiefdruckgebieten und das Barische Windgesetz

Das Zusammenspiel der drei den Wind beeinflussenden Kräfte (Gradientkraft, Corioliskraft und Reibungskraft) ergibt für die Nordhemisphäre bezüglich der Luftbewegungen folgendes Bild:

1. Der Wind umkreist **Hochdruckgebiete** (Antizyklonen) *im Uhrzeigersinn* **(N o r d h a l b k u g e l).** Er strömt *am Boden* aus dem Hoch *heraus!*

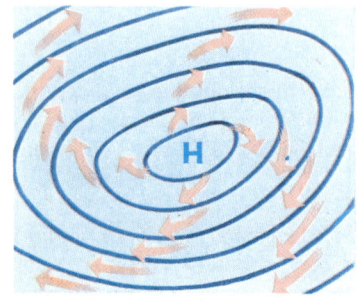 

Abb. 66   Ein Hochdruckgebiet erscheint auf der Karte als eine Anzahl geschlossener Isobaren, in deren Zentrum der höchste Druck herrscht. Die Winde wehen im Uhrzeigersinn um das Hoch auf der Nordhalbkugel. Ein Hoch ist in vielen Beziehungen das Gegenteil eines Tiefdruckgebietes.

2. Der Wind umströmt *Tiefdruckgebiete* (Zyklonen) *entgegen dem Uhrzeigersinn (Nordhalbkugel).* Er fließt *am Boden* in das Tief *hinein!*

Aus diesen Luftbewegungen wird das *Barische Windgesetz* abgeleitet, das von dem holländischen Meteorologen Buys Ballot stammt und anhand der nachstehenden Abbildung leicht verstanden werden kann. Es lautet:

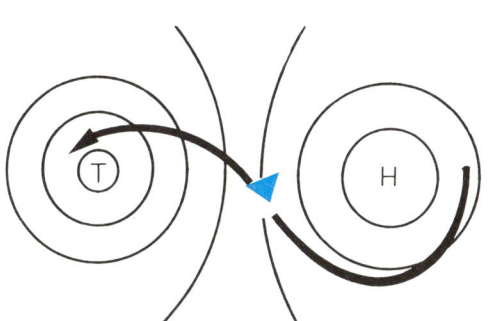

Kehrt man dem Wind den Rücken zu, so liegt in Blickrichtung des Beobachters vorne links das T i e f und rechts hinter dem Beobachter das H o c h !

▲ = Beobachter

Abb. 67

Strömung der Luft vom Hoch zum Tief in Bodennähe (Nordhalbkugel)

Zur Erklärung der Zeichnung sei folgendes gesagt: Durch die Reibung des Windes mit dem Erdboden wird der isobarenparallel strömende Gradientwind (über 1 500 m) am Boden nach links in Richtung des tiefen Drucks abgelenkt. Deshalb weht er hier (am Boden) *spiralförmig aus dem Hoch heraus* und ebenfalls *spiralförmig in das Tief hinein.* Der zwischen den beiden Druckgebilden stehende Beobachter hat dem Wind den Rücken zugekehrt. *Für ihn liegt links vorne das Tief und rechts hinten das Hoch.*

10.6 Lokale Windsysteme

In vielen Gebieten der Erde bilden sich bei bestimmten Wetterlagen durch orographische Einflüsse *lokale Windsysteme* aus, die stark von den großräumigen Luftströmungen abweichen. Sie stellen nicht selten eine Gefahrenquelle für die Fliegerei — besonders die Sportfliegerei — dar und müssen uns deshalb bekannt sein. Es handelt sich vor allem um thermisch bedingte Winde wie den *Land- und Seewind* oder den *Berg- und Talwind* und speziell an Gebirgen auftretende Winde wie *Mistral, Bora* und *Föhn.* Auch der feuchtwarme *Scirocco* in Italien und die afrikanischen Küstenwinde *Ghibli* und *Khamsun* sind charakteristische Lokalwinde, die in den verschiedenen Ländern, in denen sie auftreten, anders benannt werden.

A. Thermische Lokalwinde

1. Land - und Seewind

Durch unterschiedliche Erwärmung von Land- und Wasserflächen entsteht an den Küsten von großen Seen oder Meeren eine *flache Luftzirkulation* (tagsüber bis ca. 500 m und nachts bis ca. 150 m Höhe), die *Windgeschwindigkeiten von 10 bis 20 Knoten* hervorbringen kann.

Tagsüber wird das Land stärker erwärmt als die benachbarte Wasserfläche. Warme Luft steigt über dem Land auf und läßt dort am Boden ein Gebiet tiefen Drucks entstehen, in das kühlere Luft vom Wasser her nachströmt. Durch die aufsteigende Luft bildet sich über dem Boden in einer gewissen Höhe ein Hoch aus und es entsteht ein Druckgefälle, das zum Meer hin geneigt ist. Die aufsteigende Luft fließt deshalb in der Höhe in Richtung des Wassers ab, sinkt dort wieder nach unten und erhöht den Luftdruck über dem Meeresspiegel. So entsteht in Bodennähe ein u m g e k e h r t e s D r u c k g e f ä l l e, das vom Wasser zur Küste hin geneigt ist. Der daraus r e s u l t i e r e n d e Bodenwind weht von der See zum Land und wird als *S e e w i n d* bezeichnet (siehe Abb. 68).

Nachts entsteht eine *umgekehrte Zirkulation.* Die küstennahen Landflächen kühlen sich durch Ausstrahlung schneller und stärker als das Meer ab. Am Boden weht der Wind nun vom Land zur See hin. Aus diesem Grunde wird er *'Landwind'* genannt (Siehe Abb. 69).

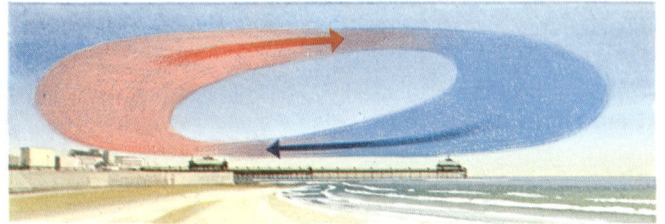

Abb. 68

Der Seewind (tagsüber)

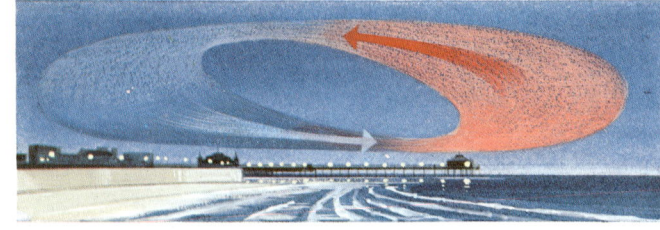

Abb. 69

Der Landwind (nachts)

2. Berg- und Talwind

In Tälern wird *am Tage* die Luft stärker erwärmt als über einer angrenzenden Ebene. Die Druckflächen dehnen sich über dem Tal aus und in der Höhe (meist im Kammniveau angrenzender Berge) s t e i g t der Luftdruck. Es entsteht ein Druckgefälle, das in Richtung der Ebene geneigt ist. In dieser Höhe fließt die vom Tal aufsteigende erwärmte Luft nun zur Ebene ab. Im Tal fällt der Luftdruck am Boden, während er in der Ebene durch Luftzufuhr aus der Höhe steigt. In B o d e n n ä h e entsteht also (ähnlich wie beim Land- und Seewind) ein *Druckgefälle in Richtung des Tals,* das den **Talwind** entstehen läßt (taleinwärts wehend). Auch dieser lokale Wind kann Geschwindigkeiten 10 bis 20 Knoten erreichen und darf nicht mit dem H a n g w i n d verwechselt werden, der unter 'Hangwind' besprochen wird.

N a c h t s kommt es, wie beim Land- und Seewind, zu einer u m g e k e h r t e n Luftströmung. Die Luft kühlt sich im Tal stärker als über der Ebene ab. Die Druckverhältnisse kehren sich um und es beginnt der **Bergwind** zur Ebene hin zu wehen (talauswärts wehend).

3. Der Hangwind

An Gebirgshängen aufliegende Luft wird *am Tage* durch Sonneneinstrahlung stärker erwärmt als Luft in der gleichen Höhe über Tälern. Sie wird durch die Erwärmung leichter (dünner) als die umgebende Luft und steigt am Hang auf. So entsteht eine *hangaufwärts* gerichtete Luftströmung, die als *'Hangaufwind'* bezeichnet wird.

Nachts tritt auch hier wieder eine Umkehrung des Vorgangs ein. Die an den Hängen aufliegende Luft wird durch Ausstrahlung stark abgekühlt, wird dichter und beginnt *hangabwärts* als sogenannter *'Hangabwind'* in Richtung der Täler zu fließen.

Ist die Luft tagsüber genügend feucht und steigt als Hangaufwind bis zum Kondensationsniveau (Taupunkt) auf, so *können sich Wolken bilden, die die Berggipfel vollständig verhüllen.*

B. A n d e r e , v o m G r a d i e n t w i n d a b h ä n g i g e L o k a l w i n d e :

1. Der Mistral

Bei nordwestlichen Luftströmungen bildet sich zwischen der Alpenwestseite und dem Ostrand des französischen Zentralmassivs (Cevennen) im dort sehr engen Rhonetal durch Düsenwirkung ein Lokalwind aus, der *'Mistral'* genannt wird. Der aus nordwestlichen Richtungen in das Tal eintretende Wind wird *durch den Düseneffekt* (Beschleunigung der Strömung) auf Sturmstärke beschleunigt und weht auf das Mittelmeer hinaus. Dabei treten in Bodennähe nicht selten *Windgeschwindigkeiten bis zu 70 Knoten* und mehr auf, die für die F l i e g e r e i eine *große Gefahr* darstellen (besonders bei V e r w i r b e l u n g e n an bodennahen Hindernissen), siehe Abb. 70.

2. Die Bora

Die Bora ist ein *sturmartiger Fallwind*, der vom dalmatinischen Kalkgebirge (Karst) herunter an der Adriaküste auftritt. Nachdem nordöstliche Luftströmungen den Ostrand der Alpen passiert haben, wehen sie über das der jugoslawischen Adriaküste vorgelagerte Karstgebirge und fallen als orkanartiger Wind zur Küste ab. Dabei können S p i t z e n b ö e n bis zu **70 Knoten** auftreten. Obwohl die Luft vom Gebirge zur Adriaküste trockenadiabatisch absinkt, kommt sie dort sehr viel kälter als die hier lagernde Luft an (siehe Abb. 70).

Abb. 70

Mistral und Bora

Der Mistral tritt vor allem im Winterhalbjahr als kalte Luftströmung auf.

3. Der Föhn

Der Föhn ist ein *warmer, trockener Fallwind,* der vor allem in den *nördlichen Alpentälern* und im *Alpenvorland* auftritt. Die Meteorologen bezeichnen seit geraumer Zeit aber nicht nur den an den Alpen auftretenden Fallwind als Föhn, sondern haben dieses Wort für alle ähnlichen Erscheinungen an anderen Gebirgen übernommen. Es gibt auch einen sogenannten *'freien Föhn'*, der ohne Stauerscheinungen an Hindernissen in der freien Atmosphäre dann auftritt, wenn Luft über vorgelagerte kältere Luft wie ein Wasserfall herunterströmt und sich dabei trockenadiabatisch erwärmt.

Doch nun zum eigentlichen Föhnprozeß. Am Beispiel des Alpenföhns läßt er sich recht anschaulich erklären. Fällt auf der Alpennordseite der Luftdruck aufgrund eines herannahenden Tiefs von Westen stark ab und bleibt er auf der Südseite höher, so bildet sich eine Luftströmung vom hohen Druck im Süden zum tiefen Druck im Norden, die die Alpen als südlicher Wind überqueren muß.

Trifft die warme Luft (20°C) aus dem Mittelmeerraum auf die Alpen, so wird sie gezwungen, an dem mächtigen Hindernis aufzusteigen. Dabei kühlt sie sich ab und *bei Erreichen des Kondensationsniveaus* (in unserem Beispiel 1500 m) bilden sich Wolken und Niederschlag. Bis dahin handelt es sich um einen *trockenadiabatischen Aufstieg,* bei dem die Luft sich um *1°C pro 100 Meter* abkühlt. Sie erreicht also das Kondensationsniveau mit einer Temperatur von 5°C (= Taupunkt). Durch den Kondensationsvorgang (Wolkenbildung) wird nun Kondensationswärme (latente Wärme) frei, die die weitere Temperaturabnahme auf ca. *0,6°C pro 100 Meter* verringert. Die Luft steigt jetzt unter *feuchtadiabatischer Abkühlung* bis zum höchsten Punkt (3000 m) weiter auf. Es bilden sich immer mehr Wolken, die sich auf der LUV-Seite (Südseite) der Alpen ausregnen.

Abb. 71 - Schematische Darstellung des Föhns

Nachdem die Luft den höchsten Punkt (3000 m) überschritten hat, sinkt sie auf der Nordseite ab, erwärmt sich dabei über den Taupunkt hinaus und wird *trockenadiabatisch um 1°C pro 100 m Höhenverlust wärmer.*
Sie erwärmt sich nun bis zur Ebene auf der Nordseite (im Beispiel werden 0 Meter = Meereshöhe angenommen) um 30°C und kommt dort als trockenwarmer Fallwind mit 26°C an.

In der Höhe entsteht auf der Leeseite (Nordseite) oft eine sogenannte *"Wellenströmung"* (die Luftströmung in der Höhe gerät durch das Überströmen des Hindernisses in Schwingungen), die die Bildung von *'Linsenwolken' (sog. 'Altocumulus lenticularis')* verursacht. Im Volksmund werden diese in mittleren Höhen auftretenden Wolken auch als 'Föhnfische' bezeichnet.

Diese linsenförmigen Lenticularis-Wolken bleiben über einen längeren Zeitraum mit gleichem Abstand vom überströmten Gebirge stehen und deuten immer auf eine Wellenströmung hin.

Abb. 72

Bildung von Altocumulus lenticularis in Wellenströmungen

Abb. 73

Altocumulus lenticularis

Aufgenommen von der grünen Seite der Insel Teneriffa im Raum Tacoronte.

Mit freundlicher Genehmigung des Luftfahrt- und Luftsport-Verlages Bochum

4. Der Scirocco

Der Scirocco ist ein *feuchtwarmer südlicher Wind,* der seinen Ursprung in der S A H A R A hat. Auf seinem Weg nach Norden über das Mittelmeer nimmt er meist sehr viel Feuchtigkeit auf und trifft in Italien als unangenehm empfundener, feuchtwarmer Südwind ein. Wird diese Strömung an Hindernissen oder Fronten gehoben und abgekühlt, so setzt sofort Wolkenbildung mit sehr starken Niederschlägen ein, die besonders in Norditalien (Po-Ebene) schwere Überschwemmungen verursachen kann.

10.7 Thermische Auf- und Abwinde und ihre Auswirkungen auf die Flugdurchführung (abschließende Zusammenfassung)

Sandflächen, Felsen und unfruchtbare Landstriche werden durch Sonneneinstrahlung mehr erwärmt als Wasserflächen, bewachsener Boden und Wälder, die die Wärme absorbieren und speichern. Sie geben also auch nicht die gleiche Menge Wärme durch Ausstrahlung an die darüber lagernde Luft weiter (siehe auch Wärmehaushalt der Atmosphäre).

Dadurch wird über verschiedenen Bodenformen die Luft ungleich erwärmt und es entstehen *vertikale Luftströmungen.* Über Sandflächen, felsigem Gebiet und Betonflächen steigt erwärmte Luft auf *(thermische Konvektion)* während sie über Wasserflächen, Wäldern und bewachsenem Gelände (Äckern) absinkt.

Gerät ein Flugzeug bei Überlandflügen oder im Anflug zur Landung in solche manchmal sehr heftigen Auf- oder Abwinde, so wirkt sich das natürlich auf die Flugdurchführung aus. *Abwinde* verursachen nicht selten ein 'Durchsacken' des Flugzeugs auf niedrigere Höhen. Im Landeanflug bedeutet Abwind fast immer, daß man den Flugplatz mit zu geringer Höhe erreicht und Gas nachschieben muß (zu hohe Sinkrate).

In Aufwindgebieten hingegen steigt das Flugzeug im Reiseflug manchmal sehr abrupt *einige 100 Fuß* höher, gerät kurze Zeit später wieder in ein benachbartes Abwindgebiet und 'sackt durch'. Diese durch Sonneneinstrahlung hervorgerufene *Vertikalböigkeit ('Bockigkeit')* ruft bei Passagieren und oft auch bei Besatzungsmitgliedern Übelkeit hervor. Bei aufgerissener Cumulusbewölkung, die durch die aufsteigende Luft entsteht, kann man diesen Vertikalböen schnell entgehen, *indem man über den Wolken mit Erdsicht weiterfliegt.* Hier treten dann im Normalfall keine vertikalen Luftbewegungen mehr auf und der Flug verläuft extrem ruhig.

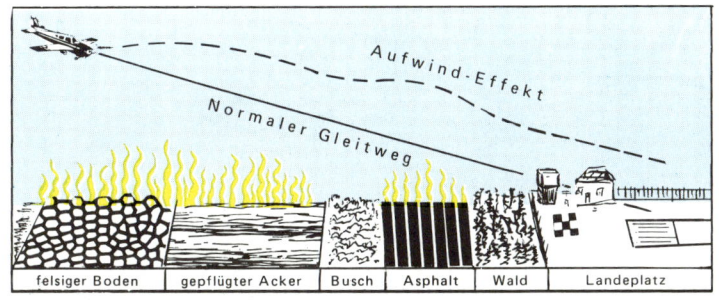

Abb. 74
Über felsigem Gelände, unbebautem Land und Asphalt oder Betonflächen entstehen Aufwinde, die beim Landeanflug dazu führen, daß das Flugzeug zu hoch anfliegt (zu geringe Sinkrate durch den Aufwind).

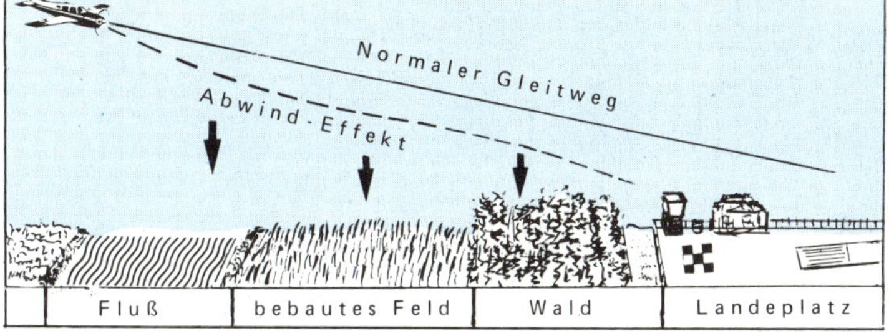

Abb. 75
Über Wasserflächen, Äckern und Wald entstehen Abwinde, die beim Landeanflug dazu führen, daß das Flugzeug zu tief anfliegt (Sinkrate durch Abwinde zu hoch).

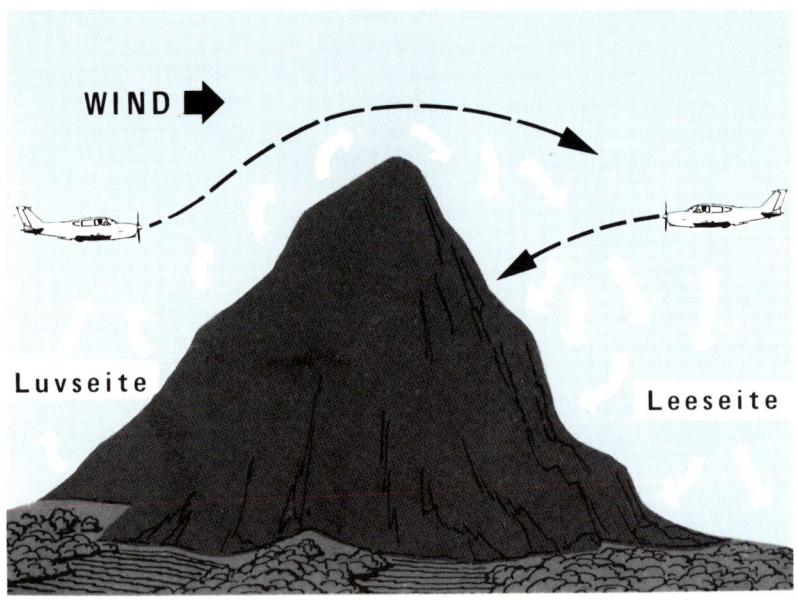

Abb. 76
Fliegt ein Flugzeug Berge oder eine Gebirgskette von der Luvseite her an, wird es durch Aufwind begünstigt. Auf der Leeseite trifft man immer (unter Umständen sehr gefährliche) Abwinde / Fallwinde an!

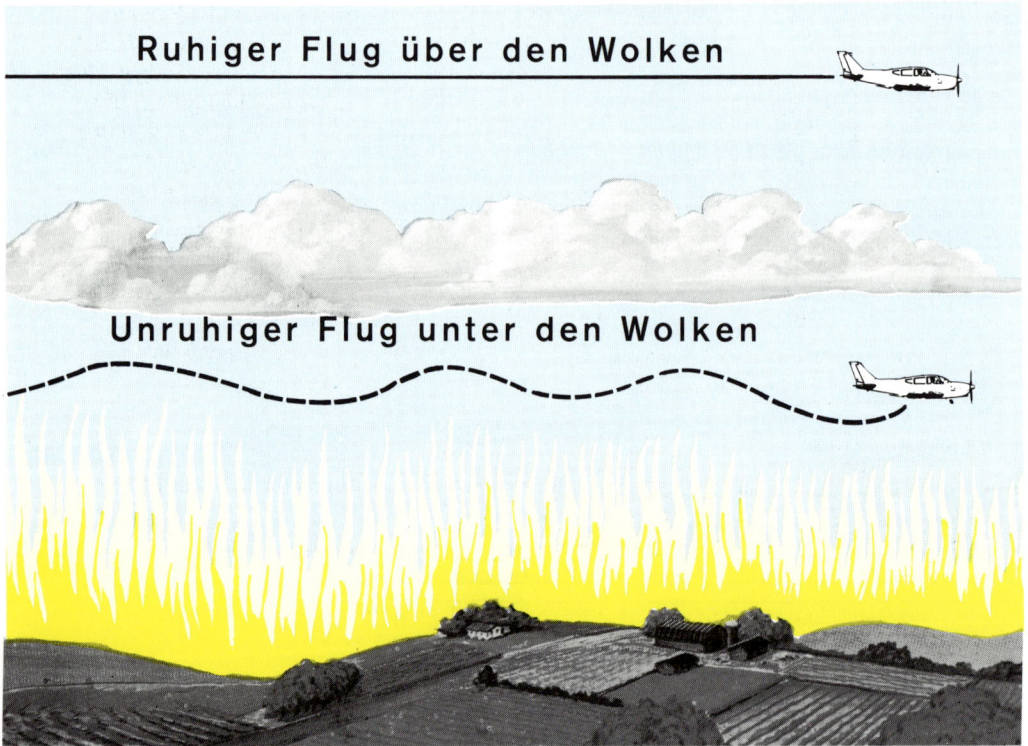

Abb. 77
Der Vertikalböigkeit durch Sonneneinstrahlung kann man entgehen, indem man über den Wolken fliegt.

11.0 Luftmassen und Fronten

A. Luftmassen

11.1 Entstehung von Luftmassen

Durch die unterschiedliche Sonneneinstrahlung in den verschiedenen geographischen Breiten (senkrechter Sonnenstand am Äquator / Schrägeinstrahlung in den höheren Breiten) - siehe auch 4.0 'Wärmehaushalt der Atmosphäre' - und durch ungleiche Erwärmung von Land- und Wasserflächen (Kontinente/Ozeane) entstehen innerhalb der Troposphäre **Luftmassen mit einheitlichen Eigenschaften bezüglich der Temperatur und Feuchtigkeit**.

Unter einer **Luftmasse** versteht man ein **Luftvolumen mit großen Ausmaßen**, etwa der Größe eines kleinen Kontinentes oder eines großen Landes, das **gleiches Verhalten** zeigt. Grundsätzlich nimmt eine Luftmasse die **physikalischen Eigenschaften des Ursprungsgebietes** an, über dem sie einige Zeit gelagert hat.

> So bilden sich
> in den **Polarregionen** sehr **kalte**, in den **Tropen** sehr **warme**,
> über **Meeren und Ozeanen** sehr **feuchte** und über **Kontinenten**
> trockene **Luftmassen** aus.

Sie verlagern sich im Rahmen der schon behandelten allgemeinen Zirkulation vom Ursprungsgebiet in andere Regionen und legen dabei manchmal **sehr lange Wege** zurück. Dabei modifizieren sich ihre Eigenschaften - besonders in den **unteren Schichten** - durch **Erwärmung oder Abkühlung** vom Erdboden aus. **Über Wasserflächen** nehmen sie **Feuchtigkeit** auf und über **Kontinenten trocknen** sie aus.

Die ursprünglich über dem Lagerungsgebiet erworbenen Eigenschaften einer Luftmasse (Temperatur und Feuchtigkeit) bleiben jedoch bei Verlagerungen - vor allem in den höheren, nicht vom Erdboden beeinflußten Schichten - über einen längeren Zeitraum erhalten. Sie verwischen oder ändern sich erst dann wesentlich, wenn eine Luftmasse sich weit vom Ursprungsgebiet entfernt oder andersartigen Untergrund überquert. Eine polare oder arktische Luftmasse, die nach Süden in unsere gemäßigten Breiten vordringt, wird ihre sehr niedrigen Temperaturen nicht bis dorthin beibehalten. Sie wird aber von uns noch immer als sehr kalte Luftmasse empfunden werden, die einen Temperatursturz verursacht.

Kommen bei uns Luftmassen aus den **nördlichen Breiten** an, so wird sich generell eine **Abkühlung** einstellen. Luftmassen aus **südlichen Breiten** hingegen bringen immer eine **Erwärmung** mit sich.

- **Luftmassen**, die **lange Wege** über Wasserflächen (**Ozeane**) zurückgelegt haben, weisen einen **maritimen Charakter** auf - sie sind also **sehr feucht**!
- **Luftmassen**, die längere Zeit **über einen Kontinent** geführt wurden, nehmen **kontinentalen Charakter** an - sie **trocknen aus**!

11.2 Klassifizierung der Luftmassen für Europa

Alle in Europa auftretenden Luftmassen können wir zuerst einmal grob nach folgendem Schema einteilen:

1. **Von Norden** in unser Gebiet einströmende Luftmassen werden als **kalt** (k), von **Süden** eindringende Luftmassen werden als **warm** (w) empfunden.
2. Luftmassen, die **vom Westen** über den Atlantik **auf den Kontinent** geführt werden, enthalten viel **Feuchtigkeit**. Da sie **vom Meer** her einströmen, nennt man sie **maritime** Luftmassen (m).
3. **Vom eurasischen Kontinent**, also aus **östlichen** Richtungen einströmende Luftmassen sind meist **sehr trocken** und haben **kontinentalen** (engl.: **c**ontinental) Charakter (c).
4. Das **Ursprungsgebiet einer Luftmasse** wird auf den Wetterkarten mit folgenden Symbolen dargestellt:

   A = **a**rktische Luftmasse, **P** = **p**olare Luftmasse, **T** = **t**ropische Luftmasse.

> m = **m**aritime Luftmasse
>
> c = **c**ontinental = kontinentale Luftmasse
>
> Zwei zusätzliche S y m b o l e werden für die T e m p e r a t u r von Luftmassen verwendet:
>
> k = **k**alte Luftmasse
>
> w = **w**arme Luftmasse

Dabei spielt weniger die aktuelle (wahre) Temperatur der Luftmasse eine Rolle als vielmehr der Temperaturunterschied z w i s c h e n der L u f t und der E r d o b e r f l ä c h e , über die sie hinwegströmt. Strömt z.B. bei uns a r k t i s c h e L u f t *(A)* aus n ö r d l i c h e n B r e i t e n ein, so wird sie im Normalfall immer k ä l t e r als der Erdboden oder die Wasseroberfläche bei uns sein. Sie wird deshalb als k a l t *(k)* klassifiziert.

Doch nun zu den *'Feinheiten der Luftmasseneinteilung'*. Die eben behandelten Symbole tauchen niemals alleine auf der Wetterkarte auf. Sie werden immer so kombiniert, daß man daraus genau das Ursprungsgebiet der Luftmasse, ihren zurückgelegten Weg und die Temperatur gegenüber der Erdoberfläche erkennen kann:

- Vom N o r d w e s t e n strömen bei uns fast immer m a r i t i m b e e i n f l u ß t e P o l a r - l u f t m a s s e n aus den nördlichen Breiten ein. Auf Wetterkarten werden sie symbolisiert mit **m P** (maritim / Polar).

- Aus dem N o r d o s t e n kommen normalerweise k o n t i n e n t a l b e e i n f l u ß t e P o l a r l u f t m a s s e n aus den nördlichen Breiten bei uns an. Sie werden symbolisiert mit **c P** (continental / Polar)

Die beiden eben erwähnten Luftmassen sind fast immer k ä l t e r als der Erdboden in unseren Breiten. Sie werden deshalb als k a l t (mit dem Symbol 'k') klassifiziert:
m P k (maritim / Polar / kalt) oder **c P k** (continental / Polar / kalt).

- Auf direktem Wege zu uns gelangende a r k t i s c h e K a l t l u f t wird - kommt sie aus N o r d w e s t e n - als m a r i t i m e a r k t i s c h e P o l a r l u f t bezeichnet, mit dem Symbol: **m P $_A$** (maritim / Polar / Arktik).

- Gelangt sie jedoch von N o r d o s t e n in unser Gebiet, dann wird sie k o n t i n e n t a l e a r k t i s c h e P o l a r l u f t genannt. Symbol: **c P $_A$** (continental / Polar / Arktik).
Symbol: **c P $_A$** (continental / Polar / Arktik).

Die B e z e i c h n u n g d e r L u f t m a s s e n erfolgt also immer nach folgenden Kriterien:

> 1. Welchen U r s p r u n g s o r t hat die Luftmasse?
> 2. Welchen W e g hat sie zurückgelegt?
> 3. Welche G e b i e t e (Kontinente / Ozeane) hat sie ü b e r q u e r t ?

K a l t e L u f t m a s s e n aus p o l a r e n Regionen können unser Gebiet auch a u f g r o ß e n U m w e - g e n ü b e r s u b t r o p i s c h e Gebiete erreichen. Man spricht dann von g e a l t e r t e r Polarluft.

Hat die Luftmasse auf ihrem Weg zum Beispiel zuerst den Nordatlantik, später die Azoren überquert und gelangt dann in unsere Regionen, so nennt man sie m a r i t i m e g e a l t e r t e P o l a r l u f t. Symbol: **m P $_T$** (maritim / Polar / Tropik).

Ist solche Luft jedoch beispielsweise aus den polaren Regionen über S i b i r i e n und später über den Schwarzmeerraum geführt worden und stößt von dort in unser Gebiet vor, dann bezeichnet man sie als k o n t i n e n t a l g e a l t e r t e L u f t. Symbol: **c P $_T$** (continental / Polar / Tropik).

Eine ähnliche Klassifizierung wird für W a r m l u f t m a s s e n aus tropischen Gebieten angewendet, die aus dem Süden zu uns gelangen:

- Aus dem S ü d w e s t e n strömt m a r i t i m e T r o p i k l u f t nach Europa ein. Symbol: **m T** (maritim / Tropik).

- Aus dem S ü d o s t e n dringen kontinentale Tropikluftmassen über den Nahen Osten und den Balkan in unseren Lebensraum vor. Symbol: **c T** (continental / Tropik).

- Manchmal stößt auch T r o p i k l u f t aus dem Wüstengebiet der Sahara nach Europa vor. Hat sie ihren Weg über das Mittelmeer genommen, so kommt sie sehr f e u c h t und sehr s c h w ü l als m a r i t i m e S a h a r a - T r o p i k l u f t, vor allem in Italien an (siehe 10.6 'Lokale Windsysteme, Scirocco'). Symbol: **m T S** (maritim / Tropik / Sahara).

- Wird die Sahara-Tropikluft jedoch über den B a l k a n nach Europa geführt, so strömt sie hier t r o c k e n u n d h e i ß als sogenannte k o n t i n e n t a l e S a h a r a - T r o p i k l u f t ein. Symbol: **c T S** (continental / Tropik / Sahara)

Warmluft aus den tropischen Regionen kann (wie die Kaltluft aus den Polargebieten) aber auch auf Umwegen zu uns gelangen:

- Nimmt sie zum Beispiel ihren Weg über den Ostatlantik in den isländischen Raum und gelangt später über Großbritannien nach Mitteleuropa, so spricht man von m a r i t i m e r g e m ä ß i g t e r T r o p i k l u f t. Symbol: **m T p** (maritim / Tropik / Polar).

- Zum Schluß sei noch die sogenannte k o n t i n e n t a l e g e m ä ß i g t e T r o p i k l u f t genannt. Sie entsteht in Europa über dem Kontinent. Sie weist keine speziellen Wanderwege auf und ist nur in ihrem E n t s t e h u n g s g e b i e t w i r k s a m. Symbol: **c T p** (continental / Tropik / Polar).

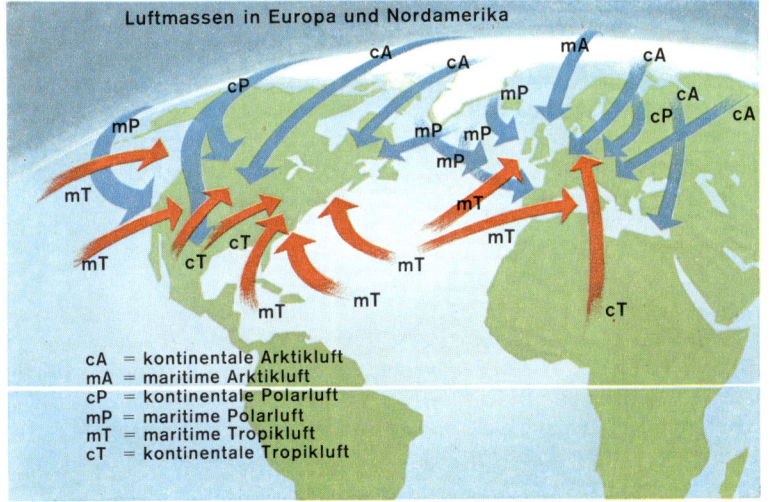

Abb. 78

Luftmassen
in Europa und Nordamerika
(vereinfacht)

11.3 Eigenschaften von Kalt- und Warmluftmassen

a) **Kaltluftmassen** stammen aus Gebieten mit tiefen Temperaturen. Sie sind also s e h r k a l t und können grundsätzlich n i c h t v i e l F e u c h t i g k e i t a u f n e h m e n. Schon bei einer g e r i n g e n Z u f u h r von Wasserdampf kann F e u c h t i g k e i t s s ä t t i g u n g erreicht werden. Wandert eine solche Luftmasse nach Süden, so wird sie v o n u n t e n h e r e r w ä r m t. Dabei **entfernt sich die Temperatur vom Taupunkt** und die relative Luftfeuchtigkeit wird geringer. Aus diesem Grunde haben wir immer g u t e S i c h t e n bei aus Norden einströmender Kaltluft.

Je mehr die Kaltluft nach Süden vordringt, umso stärker wird sie vom Erdboden her erwärmt. Sie zeigt dann **Labilitätstendenzen**, das heißt, sie steigt vom Boden her in die kältere Höhenluft auf. Kaltluft aus der Höhe sinkt dann nach unten ab, wird ebenfalls erwärmt und steigt wieder auf. Es tritt eine laufende **vertikale Umwälzung** in der Luftmasse ein, die einerseits beim **Aufstieg mit Quellwolkenbildung** und andererseits beim **Absinken mit Wolkenauflösung** verbunden ist. Die großen **vertikalen Umwälzungen** in der Kaltluft verursachen **böige, sehr turbulente Winde**, die sowohl am Boden als auch in der Höhe auftreten. Aus den sich bildenden Wolken (thermische Konvektion) fallen immer **schauerartige Niederschläge** (Regen-, Schnee-, Hagel- oder Graupelschauer).

Zusammenfassung der Eigenschaften von Kaltluftmassen

Wolken:	Cumulus (Cu) und Cumulonimbus (Cb)
Wolkenuntergrenzen:	hoch, ausgenommen in Niederschlagsgebieten
Sicht:	sehr gut, ausgenommen bei Niederschlägen
Stabilität:	labil, ausgeprägte Turbulenz in niedrigen Höhen
Niederschlag und Wetter:	Schauerniederschlag; entweder als Regen, Schnee, Hagel oder Graupel. **Gewitter möglich!**

b) **Warmluftmassen** kommen bei uns fast nur aus **südlichen Breiten** an. Sie haben relativ **hohe Temperaturen** und können daher **sehr viel Feuchtigkeit** aufnehmen. Auf ihrem Weg in unsere Breiten müssen sie Gebiete überqueren, die kälter als ihr Ursprungsgebiet sind. Die unteren Schichten der Warmluftmasse werden dadurch abgekühlt, werden also **dichter** und zeigen keinerlei **Tendenz zum Aufsteigen in höhere Schichten**. Sie sind also **stabil**, da der Schichtungsgradient in der Warmluftmasse kleiner als in normal temperierter oder kalter Luft ist. Der geringe Schichtungsgradient in Warmluftmassen sorgt fast immer dafür, daß **feuchtadiabatisch** (mit Feuchtigkeit gesättigte) aufsteigende oder aufgleitende Luft sich im **stabilen Gleichgewicht** befindet. Deshalb bilden sich bei Hebungsvorgängen nur *Schichtwolken* (Stratus-Arten), aus denen oft **Dauerniederschläge** fallen.
Da bei stabiler Luftschichtung keine vertikalen Luftbewegungen (Konvektion) möglich sind, treten auch bei höheren Windgeschwindigkeiten nur gleichmäßige **horizontale Strömungen ohne Turbulenz** auf.
Die schon erwähnte **Abkühlung** der unteren Schichten von Warmluftmassen die nach Norden wandern, **verringert die Taupunktdifferenz** (Spread) in der bodennahen Luft; so führt sie zu **schlechter Sicht** durch Dunst- oder Nebelbildung. Zusätzlich konzentrieren sich in unserem Gebiet Staubteilchen und Rauch von Industrieanlagen aufgrund des fehlenden **vertikalen Austauschs** in den unteren Höhen, die die Sichtverhältnisse in Warmluftmassen **noch mehr** verschlechtern. In maritimer, also **sehr feuchter Warmluft (mT)** aus dem Azorenraum, beträgt die **Sicht oft weniger als 4 km**.

Zusammenfassung der Eigenschaften von Warmluftmassen

Wolken:	Stratus (St), Nimbostratus (Ns) oder Stratocumulus (Sc)
Wolkenuntergrenzen:	niedrig,
Sicht:	schlecht, Dunst- oder Nebelbildung möglich
Stabilität:	stabil, gleichmäßiger Wind ohne nennenswerte Turbulenz
Niederschlag:	Sprühregen, Regen

11.4 Übersicht der in Europa möglichen Luftmassen

Symbol	Ursprungsgebiet	Weg	Eigenschaften
c P	UdSSR	Osteuropa	kalt, trocken
m P	Arktis	Nordatlantik (Grönland)	kalt, feucht
c P_A	Nordsibirien	UdSSR	extrem kalt, trocken
m P_A	Arktis	Nördliches Eismeer	sehr kalt, feucht
c P_T	UdSSR	Südosteuropa	trocken
m P_T	Arktis	Azoren	feucht
c T	Naher Osten	Südosteuropa	warm, trocken
m T	Azoren	Westeuropa	warm, feucht
c T_P	Mitteleuropa	–	mild
m T_P	Nordostatlantik	Großbritannien	mild, feucht
c T_S	Sahara (Afrika)	Balkan	heiß, trocken
m T_S	Sahara (Afrika)	Mittelmeer	heiß, feucht (schwül)

B. Fronten

11.5 Frontenbeschreibung

Treffen zwei verschieden temperierte Luftmassen aufeinander, so vermischen sie sich nicht (es sei denn, ihre Temperaturen, der Luftdruck und die relativen Luftfeuchtigkeiten sind fast gleich), sondern es bildet sich eine mehr oder weniger scharfe Grenzschicht zwischen ihnen aus, die man *Front* nennt.

Eine *Front* ist also die **Grenzschicht zwischen zwei verschiedenartigen Luftmassen**.

Diese Grenzschicht verläuft nicht senkrecht (vertikal), sondern die **kältere Luft** liegt an einer Front immer wie ein **Keil** unter der Warmluft. Normalerweise bewegen sich solche Fronten entlang der Erdoberfläche und eine sich zurückziehende Luftmasse wird durch eine andere ersetzt. Nimmt bei solchen Vorgängen eine **Warmluftmasse** die Stelle einer sich zurückziehenden Kaltluftmasse ein, so spricht man von einer **Warmfront** (umgekehrter Vorgang = Kaltfront).

Manchmal kommt es vor, daß sich eine Front **nicht** verlagert. Die Kaltluft liegt wie ein Keil unter der Warmluft und es ist keinerlei Veränderung zu beobachten. In solchen Fällen spricht man von einer *stationären Front*. An der **Frontfläche** (Grenzschicht der Luftmassen) bilden sich aufgrund der unterschiedlichen Temperatur- und Feuchtigkeitsverhältnisse der Luftmassen **dichte Wolkenfelder**, aus denen **Niederschlag fällt**.

Merke: Je größer die **Unterschiede der beteiligten Luftmassen**, umso **wetterwirksamer** ist die Front! Trifft z. B. eine **trockene Kaltluftmasse** auf eine **feuchtwarme** maritime Luftmasse, so werden **Wolken und Niederschlag sehr groß** sein.

11.6 Die Warmfront

Schnell strömende Warmluft wird wegen ihrer **geringen Dichte** von der vorgelagerten, **trägeren Kaltluft** angehoben. In einem sehr **flachen Winkel** (im Idealfall 1 : 100) gleitet die **meist sehr feuchte Warmluft auf**, kühlt sich ab und erreicht schnell das **Kondensationsniveau**. In stabil geschichteter Warmluft bilden sich **mächtige Schichtwolken** (Nimbostratus *Ns*), die langanhaltende, ergiebige Niederschläge ('Landregen') verursachen. Fliegt man auf eine sich meist von Westen nähernde Warmfront zu, so ist sie an folgenden Merkmalen **gut erkennbar**:

Aufgleitbewölkung in der Reihenfolge: Cirrus (Ci), Altostratus (As) und Nimbostratus (Ns) oder Stratus (St) mit tiefen Stratusfetzen (Fs)!

Der Cirrostratus geht mit weiterer Annäherung an die eigentliche Front bei Absinken der Untergrenze in dichteren Altostratus über, aus dem die ersten Regentropfen fallen. Jetzt heißt es aufpassen!

Die Wolkendecke wird immer mächtiger und geht in Nimbostratus/Stratus über, der fast bis zum Erdboden reicht. Starker Landregen setzt ein. Im Winter ist mit starkem Schneefall zu rechnen, der Sichtflüge unmöglich macht!

Die ausgedehnten Schichtwolkenfelder können aber auch täuschen: Ist die aufgleitende Warmluft feuchtlabil, so können in den Schichtwolken Cumulonimbus (Cb) eingelagert sein, die nicht zu sehen sind. Dann muß mit starker Turbulenz und Gewittertätigkeit mit zusätzlichen heftigen Schauern gerechnet werden!

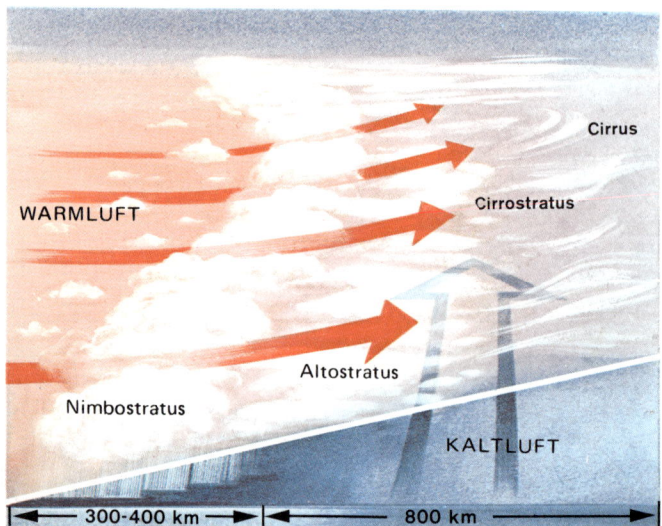

Abb. 79 Warmfront

Querschnitt durch eine Warmfront (Warmluft stabil):

Aufgleitbewölkung in der Reihenfolge Cirrus (Ci), Cirrostratus (Cs), Altostratus (As) und Nimbostratus (Ns) oder Stratus (St) mit Niederschlagsgebiet vor der Bodenfront (Landregen).

Die Aufgleitbewegung der Warmluft an der Frontfläche (Grenzschicht der verschiedenen Luftmassen) vollzieht sich sehr gleichmäßig. Sie gewinnt etwa *300 m (1000 ft) Höhe* pro 30 km Distanz. Das entspricht dem schon erwähnten Steigungswinkel 1:100. Die an der Warmfrontfläche in ca. 25000 bis 36000 ft (8000 bis 11000 m) Höhe auftretenden Cirren (Vorboten der Warmfront) erscheinen demnach etwa 800 bis 1000 km vor der Bodenfront, also der Stelle, wo die Frontfläche den Erdboden berührt. Da sich eine Warmfront nur langsam - mit Geschwindigkeiten von 15 bis 40 km/h (8 bis 20 KT) am Boden vorwärtsbewegt, kann es an irgendeinem Ort, wo Cirren am Himmel auftauchen, noch zwei bis drei Tage dauern, bis die Warmfront diesen Ort erreicht.

Das Niederschlagsgebiet vor der Bodenwarmfront kann 300 bis 400 km breit sein und erreicht kurz vor Frontdurchgang seine größte Intensität. Hinter der Warmfront steigt die Temperatur langsam an. Die Wolken lösen sich auf und der Niederschlag läßt nach.

Die Warmluftmasse hat die sich zurückziehende Kaltluftmasse am Boden ersetzt.

11.7 Die Kaltfront

Sich langsam fortbewegende Warmluft wird von schneller strömender Kaltluft eingeholt. Die Kaltluft ist dichter (schwerer) und schiebt sich wie ein Keil unter die vorgelagerte Warmluft, die dadurch zum 'Emporstrudeln' veranlaßt wird. Der Kaltluftkeil wirkt wie ein Schneepflug. Er dringt unter die leichtere Warmluft und hebt diese plötzlich empor. Dieser Vorgang verursacht eine schnelle Abkühlung der an der Frontfläche aufsteigenden Warmluft.

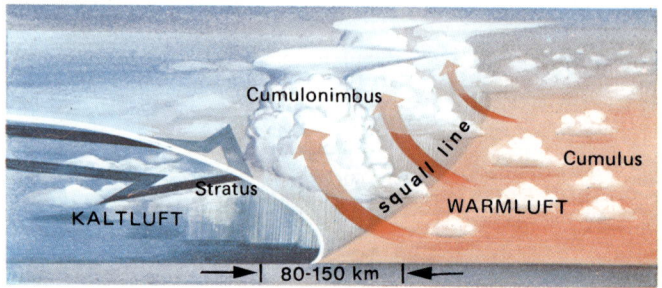

Abb. 80 Kaltfront

Die Schnelligkeit der Bewegung und feuchtlabile Luftschichtung in den höheren Schichten der Troposphäre führen nach Erreichen des Kondensationsniveaus zur Ausbildung von hochreichender Quellbewölkung, die auch Gewittererscheinungen zeigen kann (*Cumulonimbus Cb*).

Am Boden bleibt die Front (siehe Abb. 80) durch Reibung etwas zurück; es bildet sich ein 'Kaltluftkopf' aus. Deshalb ist die Frontfläche bei einer Kaltfront steiler geneigt als bei einer Warmfront. Die Steigung beträgt etwa 1 : 50 bis 1 : 80. Die steilere Neigung der Frontfläche läßt ein schmales Wetterband (ca. **80 bis 150 km** breit) von hochreichenden Quellwolken *(Cu/Cb)* mit **starker Turbulenz und heftigen Schauern** - unter Umständen **Hagel** -an der Vorderseite der Front entstehen. Nicht selten bildet sich entlang der gesamten Front eine **markante Gewitterlinie** (engl.: squall line, die in der warmen Jahreszeit schon **100 bis 200 km vor der Kaltfront** beginnen kann.

Solche Frontgewitter sind aufgrund der darin auftretenden extremen Turbulenz, der starken und böigen Bodenwinde und der heftigen Schauerniederschläge (**Hagel**) eine der größten Gefahren für den Flieger! Sie erstrecken sich bei uns oft in einer Linie von **500 bis 800 km Länge** quer durch Mitteleuropa. Sie ziehen meist von Nordwesten nach Südosten. Ein Umfliegen einer solchen *'squall line'* ist also in den meisten Fällen **unmöglich!**

Kaltfronten bewegen sich fast doppelt so schnell vorwärts wie Warmfronten (ca. **30 bis 60 km/h oder 15 bis 30 KT**). Das schmale Schlechtwettergebiet der Kaltfront, nur 80 bis 150 km breit, wird deshalb innerhalb weniger Stunden einen bestimmten Ort überquert haben.
Es lohnt sich also immer, den für eine Flugdurchführung **gefährlichen Kaltfrontdurchgang** abzuwarten!
Ist die von Kaltluft hochgeschobene Warmluft stabil, dann bilden sich an der Kaltfrontfläche mächtige Schichtwolken in Form von Nimbostratus *(Ns)*, aus denen ergiebige Niederschläge fallen. Das Wolkenbild entspricht dann dem der Warmfront, in umgekehrter Folge.

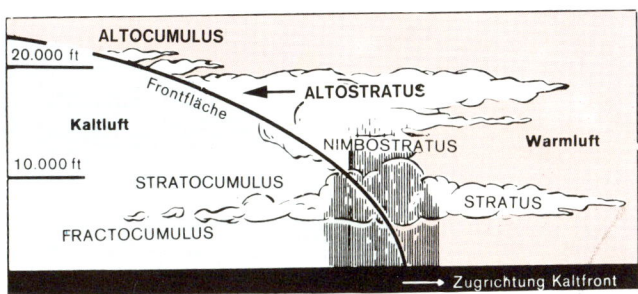

Abb. 81

Querschnitt durch eine Kaltfront (Warmluft stabil)

Nach dem Durchgang der Kaltfront bessert sich das Wetter rasch und es wird merklich kühler, weil die Kaltluft hinter der Frontfläche die Warmluft am Boden ersetzt. Die Sicht ist in der labilen Kaltluft sehr gut. Es treten böige Winde auf und aus aufgelockerter Quellbewölkung fallen vereinzelte Schauer, die gut zu umfliegen sind.

12.0 Die Wettererscheinungen in Tiefdruckgebieten (Zyklonen) und Hochdruckgebieten (Antizyklonen)

12.1 Das Tiefdruckgebiet (Zyklone)

Die beiden Bezeichnungen 'Tiefdruckgebiet' (auch Tief) und 'Zyklone' werden wahlweise für Gebiete auf Wetterkarten verwendet, die *tiefen Luftdruck* und *zyklonal umlaufende Winde* (auf der Nordhalbkugel gegen den Uhrzeigersinn) aufweisen.
Die moderne Meteorologie kennt inzwischen fast alle Vorgänge in solchen Gebieten und kann recht genaue Auskünfte über deren Verlagerung und Wettererscheinungen geben. Über die Ursachen die zur Bildung und Weiterentwicklung von Tiefdruckgebieten führen, gibt es aber zur Zeit nur Theorien, die zum Teil noch voneinander abweichen.

a) Die Frontalzone (Polarfront) Erinnern wir uns noch einmal an die allgemeine Zirkulation auf der Nordhalbkugel. Europa liegt dabei in der Zone einer bis zum Boden durchgreifenden, warmen West-Ost-Strömung, auch *Westdrift* genannt. Im Norden wird diese Strömung von einer kalten und flachen polaren Ost-West-Strömung unterflossen.
In der Nähe der Erdoberfläche bildet sich dadurch in ungefähr 60 Grad nördlicher Breite eine Übergangszone zwischen der im Süden warmen und der im Norden kalten Luft, die parallel und entgegengesetzt strömen. Diese Übergangszone ist normalerweise im Gleichgewicht, das heißt, sie zeigt keinerlei Tendenz zur Verlagerung und es treten keine besonderen Wettererscheinungen in ihr auf.

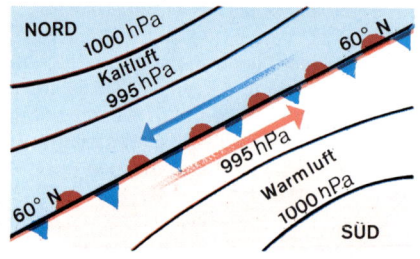

Abb. 82 a   Front mit entgegengesetzter Luftströmung (Polarfront in 60° N)

Stationäre Front

hPa = mb

In der Höhe nimmt der Luftdruck in der kalten Luft im Norden stärker ab als in der warmen südlichen Luft. Herrscht am Boden in beiden Luftmassen der gleiche Luftdruck, so entsteht mit zunehmender Höhe ein immer größer werdendes Druckgefälle zur kalten Luft nach Norden hin. Daraus resultiert eine ausgeprägte W e s t - O s t - H ö h e n s t r ö m u n g mit sehr hohen Windgeschwindigkeiten, die an der Tropopause über der Polarfront in den 'P o l a r f r o n t - S t r a h l s t r o m' (Polarfront - Jetstream) ausartet. Nicht selten treten im Polar - Jetstream Windgeschwindigkeiten von über 100 kt auf.
Kommen sich die beiden Luftmassen aus irgend einem Grunde zu nahe und ist der Temperaturunterschied besonders groß, dann verschärft sich die sonst im Gleichgewicht befindliche Übergangszone zu einer F r o n t a l z o n e, die auch P o l a r f r o n t genannt wird. An ihr bilden sich die häufig unser Wetter beeinflussenden wandernden Zyklonen (wandernde Tiefdruckgebiete), die in der Westdrift der gemäßigten Breiten vom Nordatlantik, vor allem aus dem isländischen Raum, zu uns gelangen.
Eine Erklärung für die Bildung dieser Zyklonen an der Polarfront hat der norwegische Meteorologe Bjerknes im Jahre 1922 entwickelt. Sie wird 'Polarfront - Theorie' genannt und veranschaulicht anhand einer sogenannten Idealzyklone (Modellzyklone) sehr deutlich die Entstehung eines Tiefdruckgebietes an der Polarfront und die daraus resultierenden Wettererscheinungen.

b) Die Entstehung eines Tiefdruckgebietes (Zyklone) an der Polarfront

Sollte sich die eben erwähnte Übergangszone in ca. 60° nördlicher Breite aufgrund eines K a l t l u f t - v o r s t o ß e s aus dem N o r d e n zu einer Frontalzone verschärft haben, so kann es durch große Temperaturgegensätze und Windsprünge zu einer W e l l e n b i l d u n g an der sonst geradlinig verlaufenden Polarfront kommen. Die von Norden nach Süden vorstoßende Kaltluft schiebt sich dabei wie ein Keil mit einer Neigung von ungefähr 1 : 100 unter die im Süden strömende Kaltluft; sie stößt von Nordosten gegen die bis dahin gerade verlaufende Frontfläche vor und drängt sich in die von Westen nach Osten verlaufende Warmluftströmung. Die Warmluftströmung südlich der Polarfront erfährt dadurch etwas weiter östlich ebenfalls eine Änderung der Strömungsrichtung in Richtung Nordost gegen die Frontfläche und gleitet an der keilförmig im Norden liegenden Kaltluft auf (= Warmfront).
Im Westen hingegen hebt die aus Richtung Nordost nach Süden keilförmig wie ein Schneepflug vordringende Kaltluft die Warmluft vom Boden ab (= Kaltfront). -

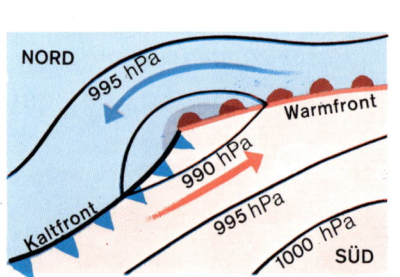

Eine Welle bildet sich in der Front
Abb. 82 b

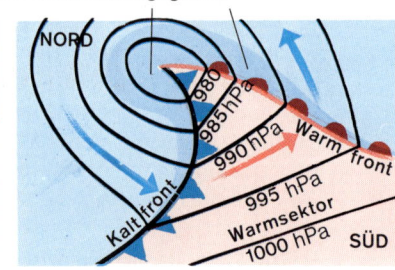

Die Welle entwickelt sich weiter
Abb. 82 c

Voll entwickelte Zyklone
Abb. 82 d

Abbildungen 82 zeigen die Entstehung eines Tiefdruckgebietes (Zyklone) an der Polarfront

Dieser eben beschriebene Vorgang spielt sich in der Tiefdruckrinne der gemäßigten Breiten ab (siehe 10.2 'Die allg. Zirkulation'), die ja ebenfalls in ca. 60° N verläuft.
Nachdem sich in der Front eine Welle gebildet hat, entwickelt sich ein Tiefdruckgebiet mit einem zyklonalen Windsystem (gegen den Uhrzeigersinn), das man als trichterförmigen Luftwirbel betrachten kann. An der Vorderseite (Ostseite) der Zyklone bildet sich durch Aufgleiten von Warmluft über Kaltluft eine Warmfront mit großem Niederschlagsgebiet und an der Rückseite (Westseite) durch die keilförmig gegen die Warmluft vordringende Kaltluft eine Kaltfront mit einem schmalen Schlechtwetterband. Dort, wo die beiden Fronten zusammenlaufen, befindet sich das Zentrum des entstandenen Tiefdruckgebietes. Das durch eine sogenannte 'Initialwelle' an der Polarfront geborene Tiefdruckgebiet verlagert sich in der dort herrschenden starken West-Ost-Höhenströmung (Westdrift) mit immer mehr abfallendem Druck im Zentrum nach Osten und weitet sich aus.

c) Die Idealzyklone / Das Wettergeschehen in einem Tiefdruckgebiet

Anhand der schon erwähnten Idealzyklone (Modellzyklone) lassen sich die für den Flieger wichtigen Wettererscheinungen in einem wandernden Tiefdruckgebiet sehr gut erklären.

Unter dem Begriff 'Idealzyklone' versteht man den Entwicklungszustand eines Tiefdruckgebietes, bei dem der Warmsektor (Bereich zwischen der vorderseitig auftretenden, sich langsam fortbewegenden Warmfront und der nachfolgenden, sich schnell fortbewegenden Kaltfront) schon auf die Hälfte der ursprünglichen Ausdehnung zusammengeschrumpft ist; die beiden Fronten holen schon weit nach Süden aus.

Bewegt sich eine solche Idealzyklone von Westen nach Osten auf unser Gebiet (Mitteleuropa) zu, so daß das Tiefdruckzentrum nördlich von uns vorbeizieht, dann haben wir mit einem Wettergeschehen in folgender Reihenfolge zu rechnen:

1. Vorderseitenwetter
2. Durchgang der Warmfront
3. Warmsektor
4. Durchgang der Kaltfront
5. Rückseitenwetter

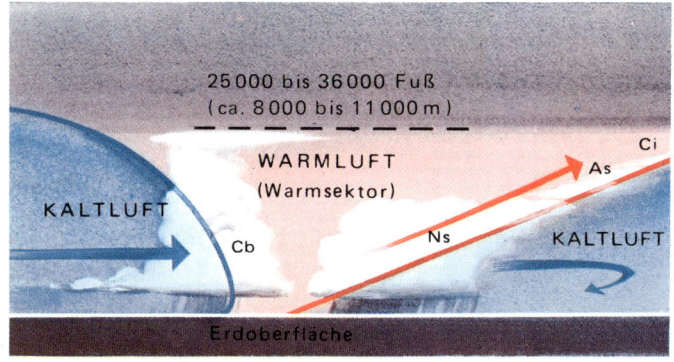

Abb. 83 a

Querschnitt durch Warm- und Kaltfront nahe bei einem Tiefdruckzentrum, wo die Fronten nahe zusammen sind

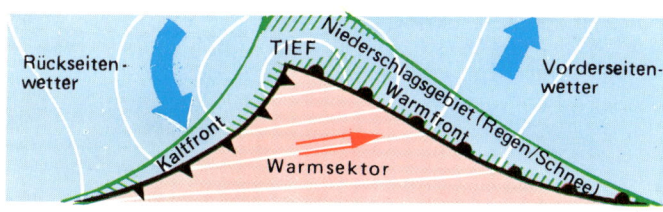

Abb. 83 b

Isobaren und Fronten an einem Tiefdruckmodell

Abb. 83 a und b   Das Frontensystem einer Zyklone

Bildliche Darstellung des Vorderseitenwetters
(Annäherung einer Warmfront von Westen)

Abb. 84 a

Der Aufzug von Cirrusbewölkung im Westen kündigt die Annäherung einer Warmfront an.

Diese sehr hohe, federartige Bewölkung taucht ungefähr 800 bis 1000 km vor der eigentlichen Bodenfront auf.

Abb. 84 b

Die Bewölkung geht langsam aber stetig in Cirrostratus über, dessen Untergrenze immer noch sehr hoch liegt. Allmählich wird aus dem Cirrostratus immer dichter werdender Altostratus, den die Sonne kaum mehr durchdringen kann.

Abb. 84 c

Der jetzt den gesamten Himmel bedeckende Altostratus sinkt mit Annäherung der Front immer mehr ab.
Die ersten Regentropfen fallen.
Die Bodenfront ist nun noch ca. 300 bis 400 km entfernt.

Abb. 84 d

Langsam geht nun die Altostratusschicht, aus der die ersten Regentropfen fielen, in mächtigen N i m b o s t r a t u s / S t r a t u s über, dessen Untergrenze fast bis zum Boden reicht. Starker Landregen setzt ein und die Sicht wird immer schlechter. VFR-Flüge sind jetzt nicht mehr möglich!
Im Winter ist bei dieser letzten Phase des Vorderseitenwetters bei entsprechenden Temperaturen mit starkem Schneefall zu rechnen, der die Sicht auf den Nullwert zurückgehen läßt.

1. Das Vorderseitenwetter

Das Vorderseitenwetter des zyklonalen Wettergeschehens macht sich durch **stetigen** (gleichmäßigen) **Druckabfall** und Aufzug von Cirrus-Bewölkung bemerkbar, die sich schnell zu einer immer dicker werdenden **Aufgleitbewölkung** in Form von Cirrostratus und Altostratus verdichtet. Die Untergrenze der Aufgleitbewölkung sinkt mit Annäherung der Warmfront mehr und mehr ab; aus dem tieferen Altostratus fallen ungefähr 300 km vor der Front die ersten Regentropfen.

- Die **Temperatur steigt** langsam an und die **Sicht wird schlechter**.
- Der **Bodenwind** frischt auf, weht gleichmäßig (ohne Böen) zuerst aus **südöstlichen Richtungen** und dreht später auf **Süd**.
- Mit **Näherkommen der Warmfront sinkt die Wolkenuntergrenze** der Aufgleitbewölkung **gefährlich ab**. Der Altostratus geht langsam in eine mächtige **Nimbostratusschicht** über, aus der nun so starker Niederschlag fällt, daß die **Sicht** auf den **Wert Null** zurückgehen kann, besonders im Winter (Schneefall).
- Unter dem tiefen Nimbostratus (kurz vor Frontdurchgang) bilden sich aufgrund des starken Niederschlages häufig **Fetzenwolken** (Stratofractus), die fast am **Erdboden aufliegen** und eine **große Gefahr** für den **VFR-Flieger** sind.

2. Durchgang der Warmfront und Warmsektor
- Die ergiebigen Dauerniederschläge aus der mächtigen Nimbostratus-Bewölkung lassen nach, die sehr dichte Wolkendecke mit zum Teil extrem niedrigen Untergrenzen hellt auf und geht in dünneren Stratus oder Stratocumulus über, aus dem leichter Nieselregen (Sprühregen) fallen kann.
- Der Bodenwind dreht nach dem Warmfrontdurchgang von Süd auf Südwest und wird meistens etwas schwächer.
- Die Lufttemperatur bleibt fast gleich oder steigt nur unwesentlich an.
- Der Luftdruck fällt nach dem Durchgang der Front im Warmsektor nur noch sehr langsam oder bleibt fast konstant.

3. Die Warmluft hat nun am Boden die sich zurückziehende Kaltluft ersetzt und der wärmste Teil des Tiefdruckgebietes, **der Warmsektor**, hat uns erreicht.
Im Sommer können sich nach dem Abzug der mächtigen Nimbostratus-Bewölkung der Warmfront - innerhalb des Warmsektors - durch starke Sonneneinstrahlung auf die nasse Erdoberfläche Quellwolken in Form von Cumulus bilden, die jedoch aufgrund der stabilen Schichtung über der bodennahen, durch Sonneneinstrahlung erwärmten Luft nicht sehr hoch reichen. Oft kann man im Warmsektor auch vereinzelt auftretende mittelhohe Altostratus- oder Altocumulus- Bewölkung beobachten, die für die Flugdurchführung keine besondere Bedeutung hat.

4. Durchgang der Kaltfront
Die keilförmig und schnell vorstoßende Kaltluft auf der Westseite (Rückseite) der Zyklone schiebt sich wie ein Schneepflug unter die Warmluft des Warmsektors. Das dabei entstehende **schmale Schlechtwetterband** mit hochreichender Quellbewölkung (Cb), starker Turbulenz und heftiger Schauertätigkeit (unter Umständen Gewitter entlang der gesamten Front) erreicht uns nun.

- Bei **Frontdurchgang** tritt plötzlich ein **Windsprung** von Südwest auf Nordwest (ca. 90°) auf. Der Wind wird **stark böig** und kann sehr **hohe Spitzengeschwindigkeiten (bis zu 80 KT)** erreichen.
- Der **Druck steigt plötzlich stark an**, die **Temperatur fällt rapide** um mehrere Grade (Temperatursturz möglich!)
- Die **Sicht** ist in der labilen Kaltluft (ausgenommen in Schauern) **sehr gut**. Die schnell vorstoßende **Kaltluft** hat nun die Warmluft des Warmsektors am Boden ersetzt und das Wetter bessert sich schlagartig.

5. Das Rückseitenwetter

Unter dem Begriff 'Rückseitenwetter' versteht man das Wettergeschehen hinter der Kaltfront einer Zyklone. In der labilen Kaltluft hinter der Kaltfront tritt aufgelockerte (in der Menge zurückgehende) Quellbewölkung (Cu) mit vereinzelten Schauern auf, die bei s e h r g u t e r S i c h t leicht zu umfliegen sind.

- Die Temperatur stabilisiert sich und der Luftdruck steigt nur noch langsam weiter an.
- Der Wind bleibt auf der Rückseite des zyklonalen Geschehens stark böig und weht aus nordwestlichen Richtungen.
- Oft bildet sich auf der Rückseite ein kleines Hochdruckgebiet (Zwischenhoch) mit sehr guten Wetterbedingungen aus, das aber nur so lange wetterwirksam bleibt, bis die nächste Zyklone mit ihrem Frontensystem auf unser Gebiet übergreift.

W A R M F R O N T

Wetterelemente	Vor der Front (Vorderseitenwetter)	Beim Durchgang	Nach der Front (Warmsektorwetter)
Druck :	gleichmäßig stark fallend	Fallen hört auf	etwa gleichbleibend
Wind :	mäßige Stärke, allg. Süd, rückdrehend auf Südost	Geschwindigkeit nimmt ab. Von SE auf SW drehend	schwach, in der Richtung gleichbleibend
Temperatur :	langsam und stetig ansteigend	kurzzeitig stärker ansteigend mit Ende des Niederschlages	gleichbleibend
Wolken :	Ci, Cs, As, Ns, St	tiefer Ns mit St fra	St, Sc, im Sommer Cu
Niederschläge :	ca. 300 km Regen und/ oder Schnee, mäßig	mäßiger bis starker Niederschlag	kein Niederschlag (Cu) bzw. im Winter Nieseln
Sicht :	gut, außerhalb des Niederschlages	rasche Verschlechterung; Dunst, Nebel	mäßig, unter Umständen schlecht; Dunst, anhaltender Nebel

K A L T F R O N T

Wetterelemente	unmittelbar vor der Front	Beim Durchgang	Nach der Front (Rückseitenwetter)
Druck :	fällt kurzzeitig	plötzliches, starkes Ansteigen (Böennase)	langsamer Anstieg
Wind :	schwach, dreht zurück auf Süd	auffrischend, plötzlicher Sprung auf Nordwest, starke Böen	weiter aus Nordwest, stark und böig
Temperatur :	gleichbleibend	plötzlicher Fall bis zu 10°C (Temperatursturz)	noch leichtes Fallen, später gleichbleibend
Wolken :	höherer Ac, As mächtige Cb	Cb, darunter St oder sehr tiefer Ns	rasche Aufheiterung, As - rasch auflösend, später Ac abnehmend, Cu zunehmend
Niederschläge :	beginnender Gewitterregen oder Gewitter	starker Regen oder Gewitterregen, evtl. Hagel	Schauertätigkeit, im Winter Schneeschauer, im Sommer Regenschauer
Sicht :	gut bis mäßig, je nach Jahreszeit	schlecht	ausgezeichnet, 50-100 km, in der gereinigten Atmosphäre

12.2 Okklusion und Auflösung einer Zyklone

Da die Kaltfront des Tiefdruckgebietes fast doppelt so schnell wie die vorgelagerte Warmfront vorankommt, holt sie diese irgendwann am Boden ein. Der Warmsektor zwischen den beiden Fronten wird immer mehr eingeschnürt und wird, nachdem die Kaltfront die Warmfront eingeholt hat, schließlich ganz vom Boden abgehoben. Diese Weiterentwicklung der Zyklone zum F r o n t z u s a m m e n s c h l u ß wird O k k l u s i o n (lat.: occludere = zusammenklappen, verschließen) genannt (siehe Abb. 85).

Wir müssen dabei zwischen einer W a r m f r o n t o k k l u s i o n (Okklusion mit Warmfrontcharakter) und einer K a l t f r o n t o k k l u s i o n (Okklusion mit Kaltfrontcharakter) unterscheiden.

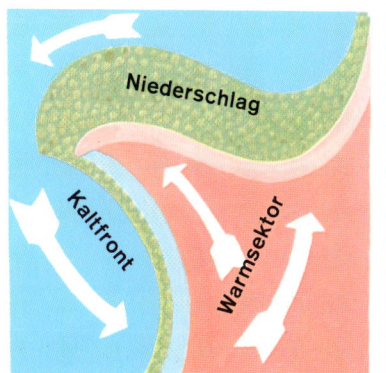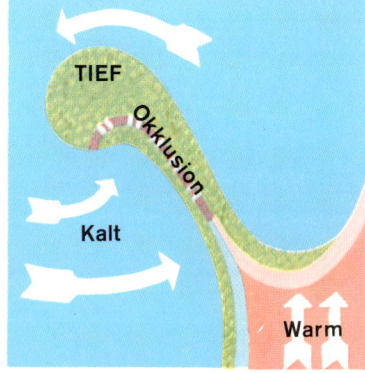

Abb. 85   Entwicklung einer Zyklone über die Okklusion zur Auflösung

1. K a l t f r o n t o k k l u s i o n e n — Zwischen den Kaltluftmassen der Vorder- und der Rückseite einer Zyklone bestehen fast immer Temperatur- und somit auch Dichteunterschiede. Ist beim Zusammentreffen der beiden Fronten (= Okklusion) die nachfolgende Kaltluft (hinter der Kaltfront) kälter als die vorgelagerte - vor der Warmfront liegende - Kaltluft, so wird sich die Okklusion folgendermaßen abspielen (siehe nachstehende Abbildung):

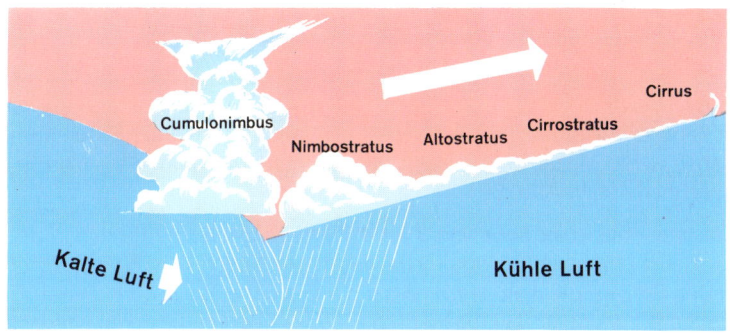

Abb. 86

Kaltfrontokklusion

Dieser Okklusionstyp wird bei uns vor allem in den Sommermonaten auftreten, da dann die kalte Luft aus nördlichen Breiten (hinter der Kaltfront) auf gealterte, über dem Kontinent erwärmte Kaltluft vor der Warmfront trifft. Die k a l t e (dichtere) Luft wird in solchen Fällen die k ü h l e (dünnere) Luft vor der Warmfront unterwandern und die Warmfront v o m E r d b o d e n a b h e b e n.

Es hat sich eine Kaltfrontokklusion (Okklusion mit Kaltfrontcharakter) gebildet, deren Wettererscheinungen dem Kaltfrontwetter ähneln.

Nördlich des Okklusionspunktes (= der Punkt, an dem die Kaltfront die Warmfront am Boden eingeholt hat) erscheint die Warmfront auf der Wetterkarte dann nur noch als H ö h e n w a r m f r o n t und liegt hinter der Bodenfront (Okklusion).

2. **Warmfrontokklusionen** — In der kälteren Jahreszeit bilden sich häufig Warmfrontokklusionen (Okklusionen mit Warmfrontcharakter), weil die Kaltluft vor der Warmfront durch langanhaltende nächtliche Ausstrahlung über dem Kontinent **kälter** (dichter) geworden ist, als die nachfolgende Kaltluftmasse hinter der Kaltfront. Hat die Kaltfront die Warmfront am Boden eingeholt (= Okklusion), so wird die nachfolgende Kaltluft (hinter der Kaltfront) die **kältere** (dichtere) Kaltluftmasse **vor der Warmfront** nicht verdrängen können; sie wird vielmehr von ihr angehoben, oder besser gesagt, sie wird aufgrund ihrer geringeren Dichte sogar an ihr aufgleiten.
Es entsteht eine **Warmfrontokklusion** (Okklusion mit Warmfrontcharakter), deren Wettererscheinungen dem Warmfrontwetter ähneln.

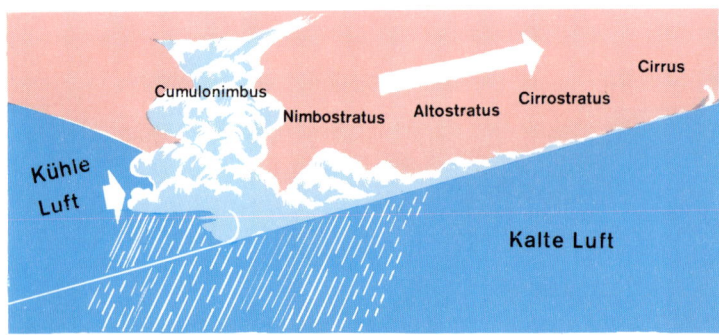

Abb. 87

Warmfrontokklusion

3. **Die Auflösung der Zyklone** — Jede Art von Okklusion hebt die Warmluft des Warmsektors der Zyklone vom Erdboden ab. Die abgehobene Warmluft kühlt sich dabei adiabatisch ab und rotiert in größeren Höhen noch einige Zeit als 'Warmluftschale' gegen den Uhrzeigersinn (siehe Abb. 85), bis ein Temperaturausgleich mit der Umgebung stattgefunden hat. Der ungleiche Temperaturverlauf innerhalb der Zyklone (Warmluft / Kaltluft), der das Schlechtwetter verursacht hatte, besteht nun nicht mehr. Die **Kaltluft** hat sich am Boden weit nach Süden durchgesetzt und hat die Temperatur vereinheitlicht. Unter Druckanstieg verflacht sich der noch bestehende trichterförmige Wirbel immer mehr. Die Zyklone hat sich aufgelöst (siehe Abb. 85).

12.3   **Zyklonenfamilien oder Zyklonenserien**

An der Kaltfront eines an der Polarfront entstandenen Tiefs bilden sich oft **neue Wellenstörungen oder Frontalwellen**, die sich nicht selten zu sogenannten **Sekundärtiefs** entwickeln. Sie folgen dem ersten (alten) Tief, bilden mit ihm als Anführer eine 'Zyklonenfamilie' oder 'Zyklonenserie' und wandern dann in der Westdrift der gemäßigten Breiten vom mittleren Nordatlantik nach Europa. Bei kräftiger Westdrift kann es vorkommen, daß mehrere Zyklonenfamilien der ersten unmittelbar folgen. In solchen Fällen haben wir in Mitteleuropa über einen längeren Zeitraum mit **sehr unbeständigem Wetter** zu rechnen (siehe Abb. 88).

Eine Zyklonenfamilie besteht meistens aus einer *Serie* von *3 bis 4 Tiefdruckgebieten*, die sich in der Westdrift vom Atlantik (isländischer Raum) her nach Europa fortbewegen. Sie bilden sich auf der Nordhalbkugel immer wieder an bestimmten Stellen, die man **zyklogenetische Punkte** nennt. Ein für das mitteleuropäische Wettergeschehen wichtiger zyklogenetischer Punkt liegt im mittleren Nordatlantik (isländischer Raum). Von hier aus setzen sich die Tiefdruckgebiete in Richtung Europa in Bewegung. So erreicht das erste Glied einer Zyklonenserie meist unseren Raum schon im okkludierten Zustand als Kaltfront- oder Warmfrontokklusion, während sich das letzte Glied gerade erst als Wellenstörung im isländischen Raum bildet.
Bewegt sich eine Tiefdruckfamilie (Zyklonenserie) auf Europa zu, so haben wir etwa mit folgendem zeitlichen Ablauf des Wettergeschehens zu rechnen:

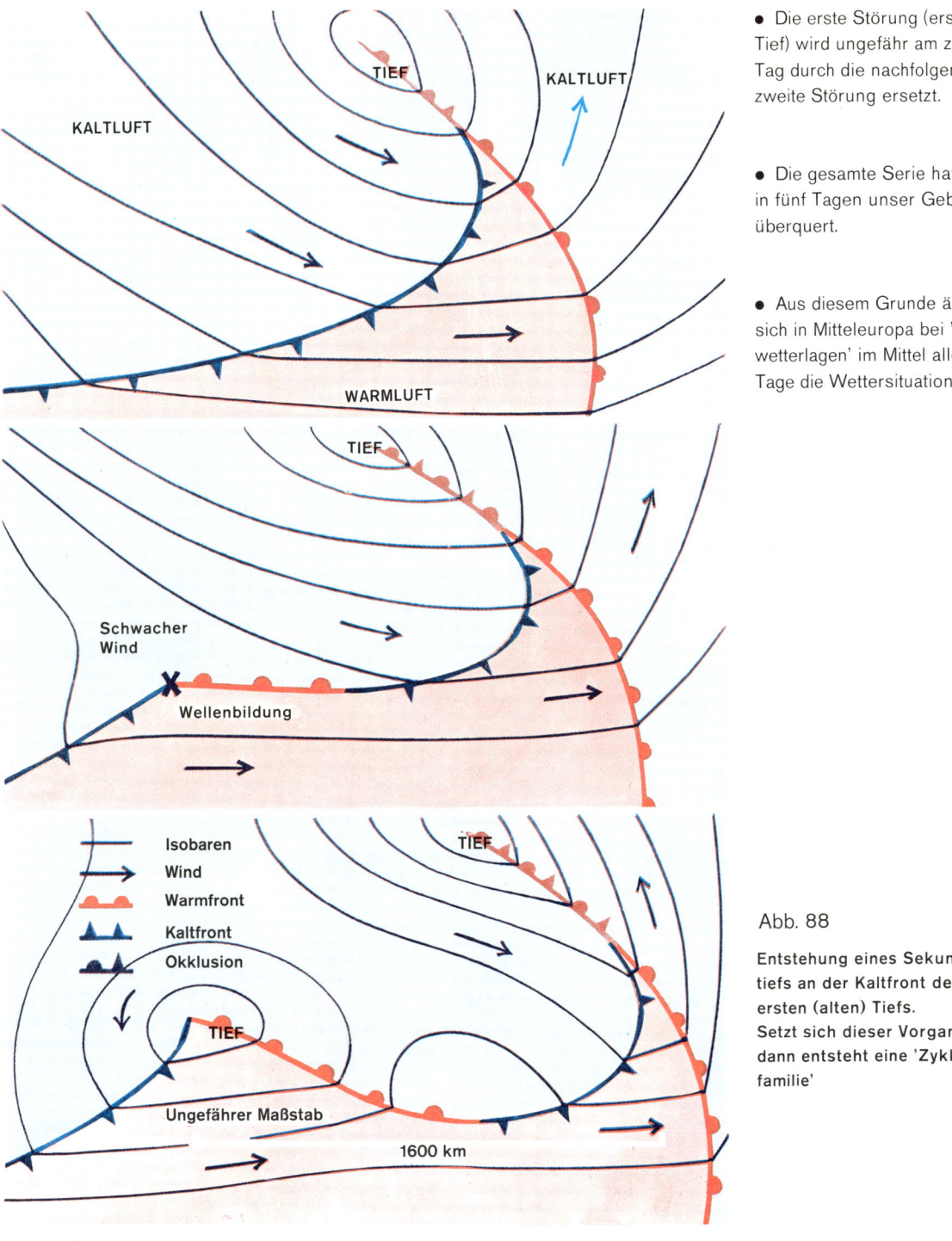

- Die erste Störung (erstes Tief) wird ungefähr am zweiten Tag durch die nachfolgende zweite Störung ersetzt.

- Die gesamte Serie hat etwa in fünf Tagen unser Gebiet überquert.

- Aus diesem Grunde ändert sich in Mitteleuropa bei 'Westwetterlagen' im Mittel alle fünf Tage die Wettersituation.

Abb. 88

Entstehung eines Sekundärtiefs an der Kaltfront des ersten (alten) Tiefs.
Setzt sich dieser Vorgang fort, dann entsteht eine 'Zyklonenfamilie'

Die Bildung solcher Zyklonenfamilien an der Polarfront wird oft erst durch einen **Kaltlufteinbruch polarer Luftmassen** bis zum subtropischen Hochdruckgürtel (etwa 30° Nord) gestoppt.
Das stationäre Polarhoch wird dann durch eine 'Hochdruckbrücke' mit dem subtropischen Hochdruckgürtel (in diesem Raum = Azorenhoch) verbunden, der die Westdrift der gemäßigten Breiten unterbricht. Der Fachmann nennt diesen Vorgang des Abstoppens der Westdrift 'blocking action' oder 'Westdrift-Verblockung'.

12.4 Das Zentraltief (Islandtief)

Unter dem Begriff 'Zentraltief' versteht man ein **stationäres Tiefdruckgebiet**, dessen zyklonale Verwirbelung (gegen den Uhrzeigersinn) bis in die Tropopause hineinreicht. Es kann wie schon beschrieben entstehen und hat fast immer einen bevorzugten (bestimmten) Standort.

Das für uns wichtige Zentraltief ist das sogenannte **Islandtief**, das sich nach Auflösung immer wieder in diesem Gebiet neu bildet.

Ein solches, **hochreichendes** Tiefdruckgebiet mit senkrechter Rotationsachse (stationär) **steuert** die sekundären, kleineren Tiefdruckstörungen gegen den Uhrzeigersinn um sich herum. Es ist also ein **Steuerungszentrum** für andere Tiefdruckstörungen.

12.5 Hochdruckgebiete (Antizyklonen)

Unter dem Begriff 'Hochdruckgebiet' (oder Antizyklone) versteht man - im Gegensatz zum Tiefdruckgebiet - ein Gebiet, in dem die Luft unter adiabatischer Erwärmung absinkt und im Uhrzeigersinn (auf der Nordhalbkugel) **am Boden** ausfließt (divergiert).

Die absinkenden Luftmassen bewirken **Wolkenauflösung** durch Erwärmung und hohen Luftdruck am Boden (durch Luftzufuhr aus der Höhe). Man findet deshalb in Hochdruckgebieten oft (aber nicht immer) heiteres oder wolkenloses Wetter vor.

a. Thermische Hochdruckgebiete — Zieht eine Zyklonenfamilie vom Atlantik auf Europa zu, so **steigt der Luftdruck** hinter der Kaltfront des ersten Gliedes der Tiefdruckfamilie in der nun einströmenden (dichteren) Kaltluft am Boden an; das Wetter beruhigt sich kurzzeitig! Es dauert aber nicht lange, bis die Aufgleitbewölkung der Warmfront des nächsten Gliedes der Zyklonenfamilie eine erneute Verschlechterung des Wetters ankündigt.

Diesen Druckanstieg - mit kurzer Wetterbesserung hinter der Kaltfront einer Zyklone - bezeichnet man als **Zwischenhoch** oder **Thermisches Hoch**. Es zieht zwischen den Frontensystemen zweier Tiefdruckgebiete mit und ist nur so lange wetterbestimmend, bis das Frontensystem der nachfolgenden Zyklone seinen Platz einnimmt.

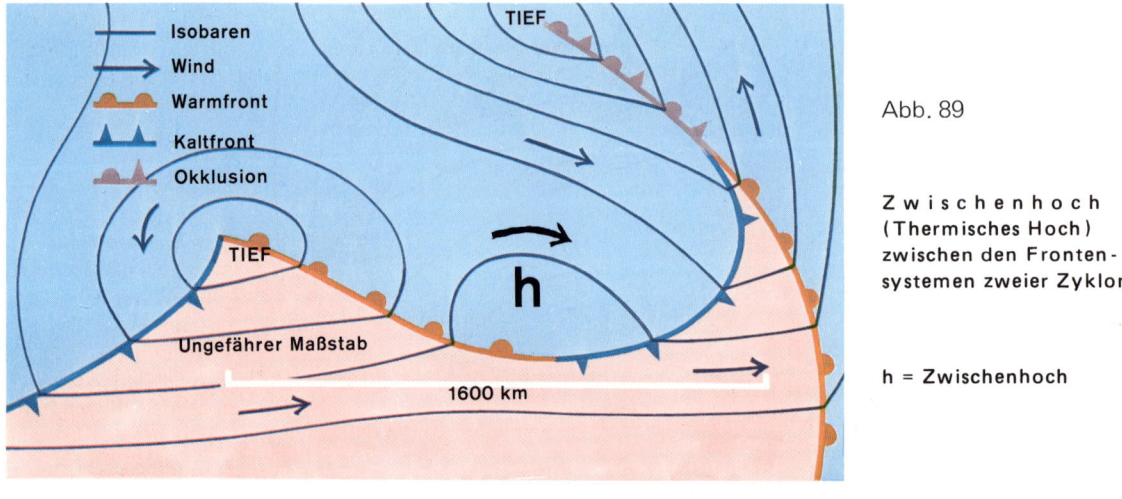

Abb. 89

Zwischenhoch (Thermisches Hoch) zwischen den Frontensystemen zweier Zyklon

h = Zwischenhoch

b. Dynamische Hochdruckgebiete — Die allgemeine Zirkulation der Atmosphäre läßt in den südlichen Breiten (um 30° N) einen Hochdruckgürtel durch Absinkvorgänge aus der Höhe entstehen. Er wird auch *subtropischer Hochdruckgürtel* genannt.

In diesem Hochdruckgürtel bilden sich am Boden sogenannte 'dynamische Hochdruckgebiete' (stationäre Antizyklonen) mit sehr großer Ausdehnung, die das Wetter in ihrem Einflußbereich sehr beständig gestalten. Für Europa sind das stationäre **Azorenhoch** und das **russische Festlandhoch** als dynamische Hochdruckgebiete (aus der Bewegung der Atmosphäre entstanden) wichtige Steuerungszentren des Wettergeschehens.

Manchmal weitet sich das Azorenhoch bis Europa aus, verbindet sich durch eine H o c h d r u c k -
b r ü c k e mit dem russischen Festlandhoch und gestaltet unser Wetter über einen längeren Zeitraum
sehr beständig (nicht selten mehrere Wochen).
Solche stationären (dynamischen) Hochdruckgebiete können sich nur deshalb erhalten, weil sie aus der
Höhe durch absinkende Luft (siehe 10.2 'Die allgemeine Zirkulation') immer wieder neu aufgefüllt
werden. Die absinkenden Luftmassen verursachen eine h o c h r e i c h e n d e E r w ä r m u n g, da absinkende Luft sich immer adiabatisch erwärmt. Die Luft r o t i e r t, wie Abb. 90 a deutlich zeigt, im
Uhrzeigersinn um den Hochdruckkern und fließt in der Grundschicht (bis ca. 4500 ft = 1500 m) aus
dem Hoch heraus. Die Rechtsablenkung (Corioliskraft) läßt hier durch Reibung nach und die Luft
strömt nach allen Richtungen z u m t i e f e r e n D r u c k h i n a u s (divergierende Winde).

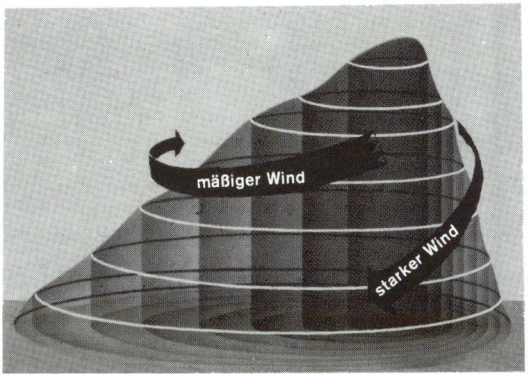

Abb. 90 a   Die Luft strömt im Uhrzeigersinn um das Hoch, sinkt ab und erwärmt sich

Abb. 90 b   Die Isobaren auf der Bodenwetterkarte zeigen die Druckverhältnisse im Hoch-druckgebiet. Der Wind strömt am Boden aus dem Hoch heraus

Die durch das A b s i n k e n d e r L u f t hervorgerufene Erwärmung (Kompressionserwärmung)
verursacht w o l k e n a r m e s o d e r w o l k e n l o s e s W e t t e r. Nicht selten treten aber - vor allem
in den kälteren Jahreszeiten (Winter / Spätherbst) - A b s i n k i n v e r s i o n e n (Temperaturumkehr-
schichten) über den durch Ausstrahlung stark abgekühlten bodennahen Luftschichten auf. Im Winter
führen sie oft zu langanhaltenden N e b e l- oder H o c h n e b e l p e r i o d e n (siehe auch 8.0 'Nebelbildung').

Abb. 91 a   Das Hochdruckwetter ist trocken und stabil

Abb. 91 b   Im Winter oft trübe, mit einer tiefen Wolkenschicht an der Inversion (Hochnebel). Nachts führt bei wolkenlosem Himmel die Ausstrahlung zu Nebelbildung oder Frost

13.0 Großwetterlagen in Mitteleuropa

Die jeweilige geographische Lage von **stationären Hoch- und Tiefdruckgebieten** (Steuerungszentren des Wettergeschehens) wird in der Meteorologie als Wetterlage oder Großwetterlage bezeichnet. Sie gestaltet die Witterung an einem bestimmten Ort für einen längeren Zeitraum gleichbleibend.

Während der Begriff 'Wetter' sich auf das augenblickliche Wettergeschehen bezieht, das sich mehrmals an einem Tage ändern kann, bleibt die Witterung über mehrere Tage gleich (entweder beständig oder unbeständig). Große dynamische Hochdruckgebiete verlagern sich nur geringfügig oder überhaupt nicht. Das für unseren Raum als Wettersteuerungszentrum fungierende Azorenhoch (Teil des subtropischen Hochdruckgürtels) steuert bei normaler Lage und Größe die berüchtigten atlantischen Tiefdruckstörungen mit ihren Schlechtwetterfronten auf den europäischen Kontinent zu. Weitet es sich aber nach Nordosten in Richtung Europa aus, so werden die Tiefs das europäische Festland nicht erreichen. Sie ziehen dann **weiter nördlich** am Rande des ausgeweiteten Azorenhochs in Richtung Skandinavien ab und berühren mit ihren südlichen Ausläufern höchstens die **norddeutschen Küstengebiete**.

Folgende Großwetterlagen treten in Mitteleuropa auf:

13.1 Westwetterlage

- Eine der häufigsten Großwetterlagen Europas! Das Azorenhoch und das Islandtief haben ihre normale Lage und in der Höhe herrscht starke Weststromung (Westdrift), in der ganze Tiefdruckfamilien mit ihren Schlechtwetterfronten nach Mitteleuropa gesteuert werden.
- Unbeständige Witterung mit ständigem Wechsel zwischen Vorderseiten- und Rückseitenwetter.
- Bei Westwetterlagen ist es im Sommer kühl und im Winter mild, da die maritimen Luftmassen keine großen Temperaturunterschiede aufweisen.

13.2 Nordwestwetterlage

- Bei der Nordwestwetterlage hat sich das Azorenhoch nach Norden verlagert und über Südosteuropa herrscht tieferer Luftdruck. Der Kern des Azorenhochs liegt im Ostatlantik vor der europäischen Küste.
- In der Höhe bildet sich eine nordwestliche Luftströmung, die atlantische Tiefdruckstörungen nach Mitteleuropa steuert.
- Die Nordwestwetterlage tritt vor allem im Frühjahr auf und bringt immer sehr unbeständiges Wetter mit starken Schauerniederschlägen mit sich (Aprilwetter).
- Im Winter kommt es bei Nordwestwetterlagen oft durch das Zusammentreffen wärmerer Luft aus dem Süden und kalter Luft aus dem Norden zu einem Mischwetter aus Regen- und Schneeschauern.

13.3 Nordwetterlage

- Liegt ein Hoch über dem östlichen Atlantik, das sich sehr weit nach Norden erstreckt (Island), so bildet sich eine Nordwetterlage mit einer ausgeprägten nördlichen Höhenströmung für Mitteleuropa aus.
- Die Nordwetterlage tritt bei uns vorwiegend im Winter auf und bringt Luftmassen aus dem arktischen oder polaren Raum nach Mitteleuropa.
- Die sehr kalte Luft (Kälteeinbruch in Mitteleuropa) erwärmt sich auf ihrem Weg nach Süden, nimmt über dem Meer viel Feuchtigkeit auf und verursacht wegen ihrer Labilität Schauerniederschläge, die im Winter als Schnee- oder Graupelschauer fallen.

13.4 Ostwetterlage

Eine typische Ostwetterlage tritt häufig dann auf, **wenn über Skandinavien oder dem Baltikum ein stationäres Hochdruckgebiet liegt.**

- Kontinentale (trockene) Luftmassen werden vom **Osten** nach Mitteleuropa gesteuert, die wolkenarmes oder heiteres Wetter verursachen.

- Die Ostwetterlage tritt im Sommer selten auf (sehr warm). Im Winter wird es bei dieser Wetterlage bei uns sehr kalt (strenger Frost).

13.5 Südwestwetterlage

Die Südwestwetterlage setzt über Südosteuropa ein Gebiet hohen Drucks und über dem nordöstlichen Atlantik ein Tiefdruckgebiet voraus.

- Atlantische Tiefdruckstörungen werden dann von Südwesten nach Nordosten gesteuert und verursachen im nördlichen Alpenraum häufig **Föhn**.
- Die Südwestwetterlage tritt im Winter häufiger auf als im Sommer. Im Sommer kommt es oft zu Gewitterschauern.

13.6 Vb - Wetterlage (5b - Wetterlage)

Der Name dieser Wetterlage leitet sich aus einem Zugstraßenschema von Zyklonen ab, das heute bis auf die Zugstraße Vb keine Gültigkeit mehr hat. Die Vb-Wetterlage setzt folgende Druckverteilung voraus:

- Zwei Tiefdruckgebiete mit einer Tiefdruckfurche (Trog) von Skandinavien bis zum Mittelmeer steuern Kaltluft bis in das westliche Mittelmeer, wo die Kaltluft mit der warmen und feuchten Mittelmeerluft zusammentrifft. Dort bilden sich durch das Zusammentreffen der verschieden temperierten Luftmassen neue Tiefdruckgebiete, die auch als Genua-Zyklonen bezeichnet werden.
- Sie werden mit einer auf der Ostseite des Troges (Tiefdruckfurche) herrschenden südwestlichen Höhenströmung - auf der Ostseite des Kaltluftbereiches - nach Nordosten gesteuert.
- Die über dem Mittelmeer entstandenen Zyklonen (Genua - Zyklonen) ziehen dann über die Alpen, Ostbayern oder Österreich nach Polen und verursachen im Alpenraum und über Ostdeutschland sehr schlechtes Wetter mit Dauerniederschlägen; oft verursachen sie katastrophale Überschwemmungen durch Hochwasser der Donau, Elbe und Oder.
- Im nördlichen Alpenbereich findet man in den unteren Luftschichten Winde mit nördlicher Komponente vor, die feuchte Kaltluft gegen die Alpen führen, was zu Stauerscheinungen führt. In den höheren Schichten gleitet warme und sehr feuchte Mittelmeerluft aus südwestlichen Richtungen über die Kaltluft auf.

13.7 Trog und Kaltlufttropfen

a) Trog - Auf der Rückseite von ausgeprägten Tiefdruckgebieten (hinter der Kaltfront) findet man auf der Wetterkarte häufig trog- oder u-förmige Ausbuchtungen der Isobaren nach Süden oder Südwesten vor.

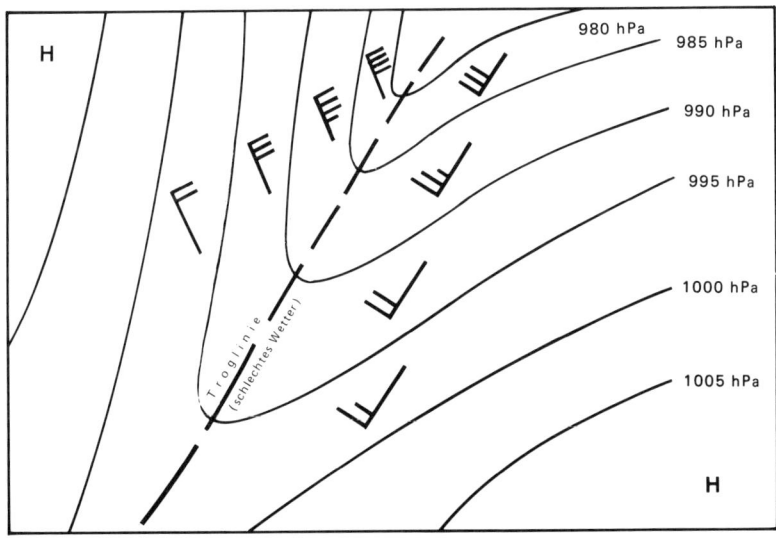

Abb. 92

Tiefdrucktrog hinter einer Kaltfront

Solche postfrontalen Tiefdrucktröge verursachen oft erst - weit hinter der Kaltfront - das schlechteste Wetter mit den stärksten Schauern und den höchsten Windgeschwindigkeiten.

b) Kaltlufttropfen - Manchmal entstehen auf der Rückseite eines Tiefs im Trog Gebilde, die von der Strömung her zyklonale Höhenwirbel, vom Luftdruck her Höhentiefs und von der Temperatur her sogenannte 'Kaltlufttropfen' sind.
Es handelt sich dabei um ein von allen Seiten von Warmluft umgebenes Kaltluftgebiet in der Höhe, das in der Bodenwetterkarte kaum auszumachen ist. In der Höhe hingegen ist im Bereich der abgekapselten Kaltluft ein kräftiges Höhentief vorhanden, da sich in der Kaltluft der Luftdruck mit zunehmender Höhe stärker verringert als in warmer Luft.

Ein solches Höhentief aus Kaltluft (Kaltlufttropfen) kann dann entstehen, wenn die auf der Rückseite eines Tiefs weit nach Süden vorstoßende Kaltluft durch nach Norden vorstoßende Warmluft abgeschnitten wird.
Ausgeprägte Kaltlufttropfen haben nicht selten die Größe Mitteleuropas und verlagern sich mit ihrem Schlechtwettergebiet nur sehr langsam. Sie werden auf der Wetterkarte als gestrichelter Kreis mit einem großen 'K' im Zentrum dargestellt.

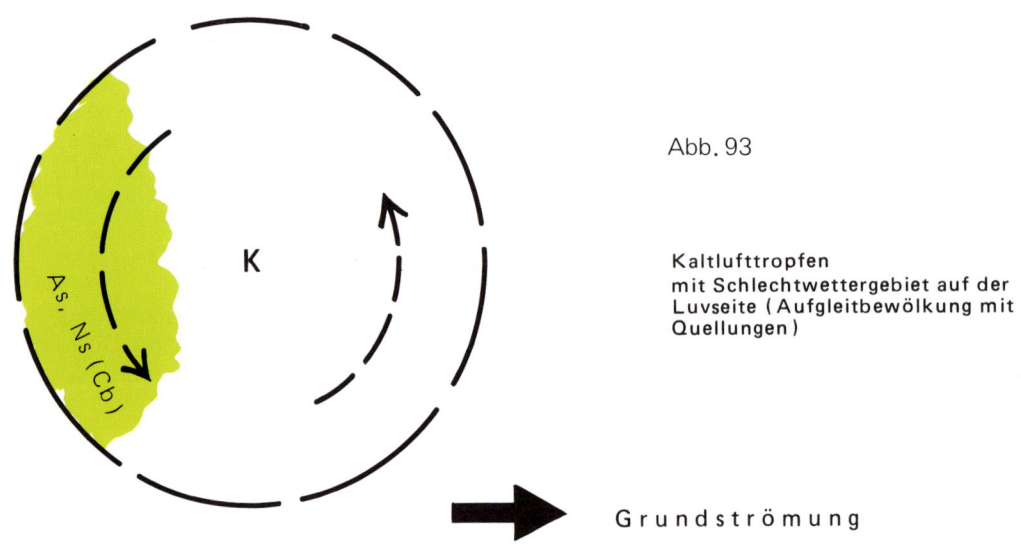

Abb. 93

Kaltlufttropfen
mit Schlechtwettergebiet auf der
Luvseite (Aufgleitbewölkung mit
Quellungen)

Grundströmung

Kaltlufttropfen bestimmen oft wochenlang mit ihrem Schlechtwetter das Wettergeschehen über einem bestimmten Gebiet. In der warmen Jahreszeit kommt es wegen der tiefen Höhentemperaturen bei starker Erwärmung der bodennahen Luft zu Labilitätszuständen, die vor allem im Zentrum des Kaltlufttropfens zu starken Schauern und Gewittern führen können.
Auf der Luvseite (Rückseite) eines Kaltlufttropfens gleitet warme Luft auf. Dadurch entsteht eine mehr oder minder mächtige Aufgleitbewölkung (As, Ns) mit zusätzlichen Quellwolken (unter Umständen Cb's) mit sehr niedriger Untergrenze und starken Niederschlägen.

14.0 Gefährliche Wettererscheinungen für die Fliegerei
14.1 Gewitter (engl.: Thunderstorms)

Gewitter zählen neben der **Flugzeugvereisung** (engl.: aircraft icing) zu den **gefährlichsten** Wettererscheinungen für die Luftfahrt. Nach einer amerikanischen Statistik treten auf der Erde innerhalb der Troposhäre täglich mehr als **44.000 Gewitter (!)** auf.

Während in den tropischen Zonen der Erde täglich Gewitterstürme wüten, kommen sie in den polaren Regionen nur sehr selten und in den bekannten regenlosen Zonen überhaupt nicht vor. In unseren gemäßigten Breiten haben wir im Laufe eines Jahres - vor allem in der Sommerzeit - mit etwa 30 Gewittertagen zu rechnen.

Gewitter sind - obwohl meist engräumig auftretend - die **energiereichsten** Erscheinungen im gesamten Wettergeschehen. Sie werden durch **labile Zustände** in der Troposphäre hervorgerufen *(siehe 5.4, Seite 21/22)* und zeichnen sich aus durch

- **heftige Auf- und Abwärtsbewegungen** von Luft mit **starker Quellwolkenbildung** (Cb; *siehe Seiten 34/35*),
- **starke Schauerniederschläge** in Form von Regen, Graupel oder **Hagel** *(siehe Seiten 45/46)* und
- gewaltige elektrische Entladungen (**Blitze**) mit den Schallerscheinungen, die wir **Donner** nennen.

Die durch die heftigen Auf- und Abwärtsbewegungen der labilen Luft entstehende

- **starke Turbulenz**

innerhalb, unterhalb und in der näheren Umgebung der Gewitterwolken *(Cb)* stellt die **größte Gefahr** für die Fliegerei dar.

Abb. 94 Typische Gewitterwolke (Cumulonimbus = *Cb*)

Aber auch die **starken Schauerniederschläge** - in unseren Breiten vor allem der mögliche H a g e l - s c h l a g, die in Gewitterwolken *(Cb)* o b e r h a l b d e r $0°$ - G r e n z e immer auftretende **Flugzeugvereisung** und **Blitzeinschläge** beeinflussen und g e f ä h r d e n den gesamten Flugverkehr (sowohl IFR - als auch VFR - Flüge) in einem solchen Maße, daß bei G e w i t t e r l a g e n grundsätzlich folgendes gilt:

- **Gewitterherde und deren nähere Umgebung meiden (umfliegen)!**

Alle Verkehrsflugzeuge und viele größere Flugzeuge der Allgemeinen Luftfahrt für den IFR - Flugbetrieb sind mit aufwendigen B o r d - W e t t e r r a d a r a n l a g e n (engl.: airborne weather radar) ausgerüstet, die es dem Flugzeugführer ermöglichen, G e w i t t e r h e r d e rechtzeitig zu e r k e n n e n, deren S t a n d o r t in Bezug auf das Flugzeug genau a u s z u m a c h e n und ihnen dann anhand der R a d a r - A n z e i g e a u s z u w e i c h e n.

14.1.1 E n t s t e h u n g u n d A r t e n v o n G e w i t t e r n

Gewitter können sich grundsätzlich in e i n h e i t l i c h e n L u f t m a s s e n und an L u f t m a s s e n g r e n z e n (FRONTEN) bilden. Aus diesem Grunde teilt man sie in zwei Gruppen ein:

1. **Luftmassengewitter** (engl.: air mass thunderstorms),
2. **Frontgewitter** (engl.: frontal thunderstorms).

Da die L u f t m a s s e n g e w i t t e r auf z w e i A r t e n entstehen können - nämlich durch **H e b u n g** feuchtlabiler Luft infolge starker **Sonneneinstrahlung** (thermische Konvektion) oder durch **H e b u n g** feuchtlabiler Luft **an Geländehindernissen** (orographische Hindernisse) - werden sie nochmals aufgeteilt in:

- **Wärmegewitter** (engl.: convective thunderstorms) und
- **Orographische Gewitter** (engl.: orographic thunderstorms)

F r o n t g e w i t t e r bilden sich immer durch **H e b u n g** feuchtlabiler Luft an L u f t m a s s e n g r e n z e n - also an F r o n t f l ä c h e n. Demnach unterscheidet man hier zwischen

- **Warmfrontgewittern** (engl.: warm front thunderstorms)
- **Kaltfrontgewittern** (engl.: cold front thunderstorms)
- **Okklusionsgewittern** (engl.: occluded - front thunderstorms).

Doch darüber gleich mehr! - Alle Gewitterarten ä h n e l n sich in der E n t s t e h u n g und im A u f b a u sehr stark. Folgende V o r a u s s e t z u n g e n müssen jedoch immer gegeben sein, damit sich G e w i t t e r (alle Arten) überhaupt bilden können:

1. **Feuchtlabilität** (bedingte Labilität) - *siehe 5.4, Seite 22!* - muß bis in g r ö ß e r e H ö h e n hinauf herrschen.
2. Die Luft muß einen **hohen Feuchtigkeitsgehalt** haben (hohe absolute Feuchte; *siehe Seiten 24/25*).
3. Die sehr **feuchte Luft** muß auf irgendeine Art - z.B. **thermische Konvektion** durch starke Sonneneinstrahlung, **Hebung an Geländehindernissen** (= orographische Hindernisse) oder **Frontflächen** - z u m A u f s t i e g i n g r ö ß e r e H ö h e n gezwungen werden.

Sind die beiden ersten Bedingungen - also Feuchtlabilität und hohe Luftfeuchtigkeit - erfüllt, dann bedarf es nur noch eines der schon erwähnten H e b u n g s p r o z e s s e und G e w i t t e r können e n t s t e h e n. Durch die H e b u n g der feuchtlabilen Luft setzt nun eine kontinuierliche Entwicklung ein, die sich von der Bildung einer einfachen **Cumulus-Wolke** *(Cu)* im Kondensationsniveau über einen gewaltigen **Cumulonimbus** *(Cb)* bis hin zur A u f l ö s u n g der Gewitterwolke erstreckt.

Diese Entwicklung vom einfachen *Cu* über den gewitterträchtigen *Cb* bis zur Auflösung - die Wolke **ändert** dabei ständig ihr **Erscheinungsbild** und ihre **Struktur** - wird übersichtlich in d r e i S t a - d i e n eingeteilt:

1. Das C u m u l u s s t a d i u m (engl.: Cumulus Stage)

Obwohl die meisten Cumuluswolken *(Cu)* sich n i c h t in eine Gewitterwolke *(Cb)* umwandelt, besteht die e r s t e P h a s e d e r G e w i t t e r e n t w i c k l u n g immer darin, daß eine C u m u - l u s - W o l k e am Himmel erscheint, die aufgrund der starken A u f w i n d e in der Wolke bis in g r o ß e H ö h e n (15.000 bis 25.000 Fuß) anwächst *(siehe Abb. 95)*.

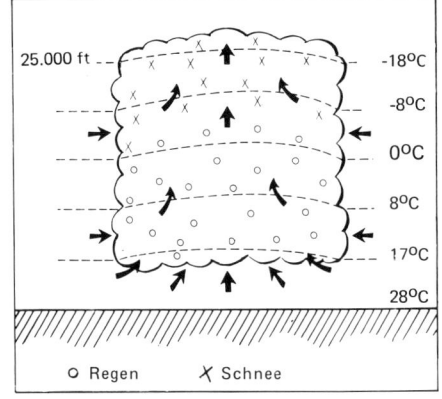

Abb. 95
Das Cumulusstadium einer Gewitterwolke *(Cu)*

Die Wolke besteht zu diesem Zeitpunkt nur aus f e i n e n W a s s e r t r ö p f - c h e n, die sich o b e r h a l b d e r 0^0- Grenze im u n t e r k ü h l t e n Z u - s t a n d befinden.

Achtung: Vereisungsgefahr!

Der kräftige A u f w i n d (ca. 500 bis 1000 ft/min) reißt die feinen W a s s e r t r ö p f c h e n nach o b e n oder er hält sie zumindest i n d e r S c h w e b e. Deshalb kann jetzt noch **kein Nie - derschlag** aus der Wolke fallen.
Durch Z u s a m m e n f l i e ß v o r g ä n g e bilden sich aber bald g r ö ß e r e T r o p f e n - meh- rere feinste Tröpfchen schließen sich zu einem R e g e n t r o p f e n zusammen - und die Entwick- lung der G e w i t t e r w o l k e geht in das sogenannte R e i f e s t a d i u m über.

2. Das Reifestadium (engl.: Mature Stage)

Das C u m u l u s s t a d i u m einer Gewitterwolke geht dann dem E n d e e n t g e g e n, wenn die immer mehr a n w a c h s e n d e n W a s s e r t r o p f e n vom Aufwindstrom nicht mehr getragen werden können und z u r E r d e z u f a l l e n b e g i n n e n. Die **Obergrenze** der immer noch heftig anwachsenden Wolke ist jetzt in ca. **25.000 Fuß** Höhe zu finden und der **Aufwindstrom** erreicht nun eine maximale Geschwindigkeit von **3.000 ft/min**.

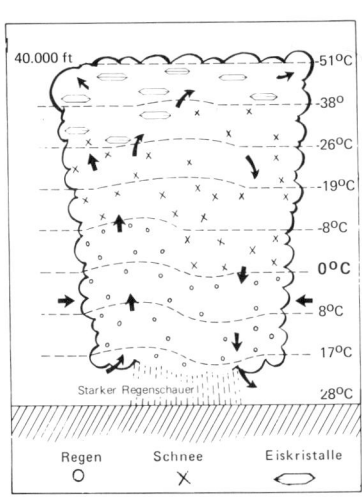

Abb. 96
Das Reifestadium einer Gewitterwolke *(Cb)*

Mit der Ankunft der e r s t e n R e g e n - t r o p f e n a m E r d b o d e n beginnt das **Reifestadium**. Durch die f a l l e n d e n Regentropfen wird ein Teil der Umgebungs - luft langsam in eine A b w ä r t s b e w e g u n g versetzt, die sich nach und nach zu einem kräf - tigen A b w i n d s t r o m ausbildet.

Im Gegensatz zum Aufwindstrom, dessen Geschwindigkeit mit der Höhe zunimmt und der im Reifestadium seine Spitzenwerte mit ca. **6.000 ft/min (!)** erreicht, ist die Geschwindigkeit des Abwindstroms geringer. Sie beträgt im Mittel 'nur' etwa **2.000 ft/min** und bleibt mit der Höhe ungefähr konstant. Der absinkende Luftstrom kommt mit dem fallenden Niederschlag gleichzeitig am Erdboden an. Hier wird er in die Horizontale 'abgebogen' und verursacht das uns allen bekannte Phänomen einer

- **starken Windböe (Böenwalze)**

die aus dem Schauergebiet 'herausweht'. Diese Erscheinung ist für die Fliegerei besonders **gefährlich**, weil plötzlich **Spitzenböen bis zu 80 Knoten** am Erdboden auftreten können. Aber auch innerhalb der Wolke - besonders im mittleren Teil - entsteht während des Reifestadiums durch die sich in unmittelbarer Nachbarschaft abspielenden heftigen Auf- und Abwindvorgänge

- **stärkste Turbulenz (severe turbulence)**,

die nachweislich in der Vergangenheit zu Verlusten von Flugzeugen und Insassen geführt hat.
Während des Reifestadiums schießt die Gewitterwolke bis zur Tropopause empor, die in unseren Breiten im Sommer ca. 40.000 Fuß hoch liegt. Da hier sehr niedrige Temperaturen von −40° bis −60° C herrschen, wandelt sich der **obere Teil des Cumulonimbus** in eine **Eiswolke** um. An der Tropopause, die wegen der hier einsetzenden Isothermie (Stratosphäre) als Sperrschicht für aufsteigende Luft wirkt, breitet sich der Gipfel der Wolke horizontal aus und nimmt die Form eines Ambosses an.
Sind die Aufwinde in der Wolke besonders kräftig, - das ist vor allem im Sommer der Fall - dann kann es zu der für Flugzeuge ebenfalls sehr gefährlichen

- **Bildung von Hagel (engl.: hail)**

kommen, wobei einzelne Hagelkörner durchaus die Größe eines Hühnereies oder gar die eines Apfels erreichen können.

Nachdem sich im oberen Teil des Cb das erste Eis gebildet hat, setzen auch die für ein Gewitter typischen **elektrischen Erscheinungen** in Form von gewaltigen **Entladungen (Blitzen)** ein. Für die Entstehung dieses Phänomens gibt es leider bis heute noch keine voll befriedigende Erklärung. In Forschungsprojekten wurde jedoch durch Messungen festgestellt, daß sich innerhalb von Gewitterwolken in ca. 10.000 bis 13.000 Fuß Höhe ein negatives und in etwa 20.000 bis 23.000 Fuß ein positives Ladungszentrum befindet. Somit könnte man einen **Cb** als gewaltigen Kondensator betrachten, in dem es zu Überschlägen in Form von verschiedenartigen **Blitzen** (Linien-, Flächen-, Perlschnur- und Kugelblitze) kommt.
Die Blitze können aber auch zur Erde, zu benachbarten Cumulonimben und sogar zur Ionosphäre überschlagen.

Die starke **Schauertätigkeit hält während des gesamten Reifestadiums** an und führt dazu, daß sich die Abwärtsbewegung (Abwinde) mehr und mehr in der ganzen Gewitterzelle *(Cb)* durchsetzt und der vorher dominierende Aufwindstrom langsam zusammenbricht. Durch diesen Vorgang wird das sehr intensive Reifestadium beendet.

3. Das Auflösungsstadium (engl.: Dissipating Stage)

Das **Auflösungsstadium** einer Gewitterwolke setzt dann ein, wenn die eben erwähnte Abwärtsbewegung durch die starken Schauerniederschläge die gesamte Wolke erfaßt hat. Die immer noch ausfallenden Niederschläge sorgen dafür, daß der Wassergehalt der Wolke ständig abnimmt. Dadurch verringert sich analog die Schauer-Intensität. Die anfänglich heftigen Schauerniederschläge gehen in einen leichten 'Dauerregen' über, der zum **Ausregnen der Wolke** führt. Das Ausströmen der absinkenden Luft aus dem Niederschlagsgebiet unter der Wolke und der im Auflösungsstadium vorherrschende vertikale Abwindstrom in der Wolke lassen nach. — Die mächtige Quellwolke sinkt in sich zusammen und die **Winde** wehen in allen Höhen wieder **horizontal**. (Schematische Darstellung des Auflösungsstadiums siehe Abb. 97 auf der nächsten Seite!)

Abb. 97
Das Auflösungsstadium
einer Gewitterwolke *(Cb)*

Die Reste des **Ambosses** (Gipfel der Wolke) werden durch die starken Winde an der Tropopause in dichte Cirren *(Ci)* zerfetzt, die mit der Höhenströmung abtreiben.

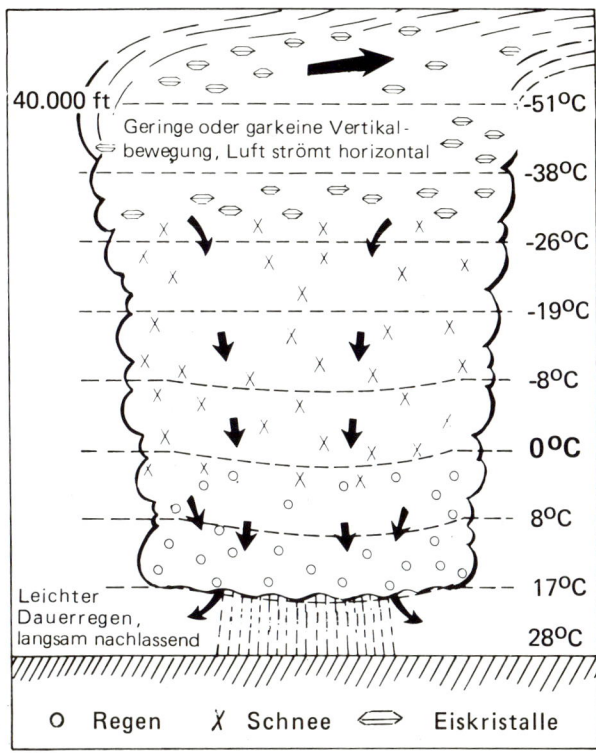

14.1.2. Gewitterarten

1. Luftmassengewitter (engl.: Air Mass Thunderstorms)

Wie wir schon wissen, gibt es zwei Arten von Luftmassengewittern - nämlich die sogenannten Wärmegewitter und die orographischen Gewitter. Beide Arten bilden sich in einheitlichen (homogenen) Luftmassen, treten meist vereinzelt in begrenzten Räumen (isoliert) auf und lassen sich folglich meist gut umfliegen.

Abb. 98 Luftmassengewitter treten meist isoliert auf; sie sind in der Regel gut zu umfliegen

a) Wärmegewitter (engl.: Convective Thunderstorms)

Wärmegewitter bilden sich häufig im Sommer bei geringen Luftdruckunterschieden in einer einheitlichen Luftmasse durch starke Erhitzung von Landflächen infolge intensiver Sonneneinstrahlung. Dadurch wird die bodennahe Luft ebenfalls erheblich erwärmt (Wärmeübertragung Erde/Luft) und es setzt ein Prozess ein, den wir im Abschnitt 6.3 *(Seite 29)* schon als

- thermische Konvektion

kennengelernt haben.

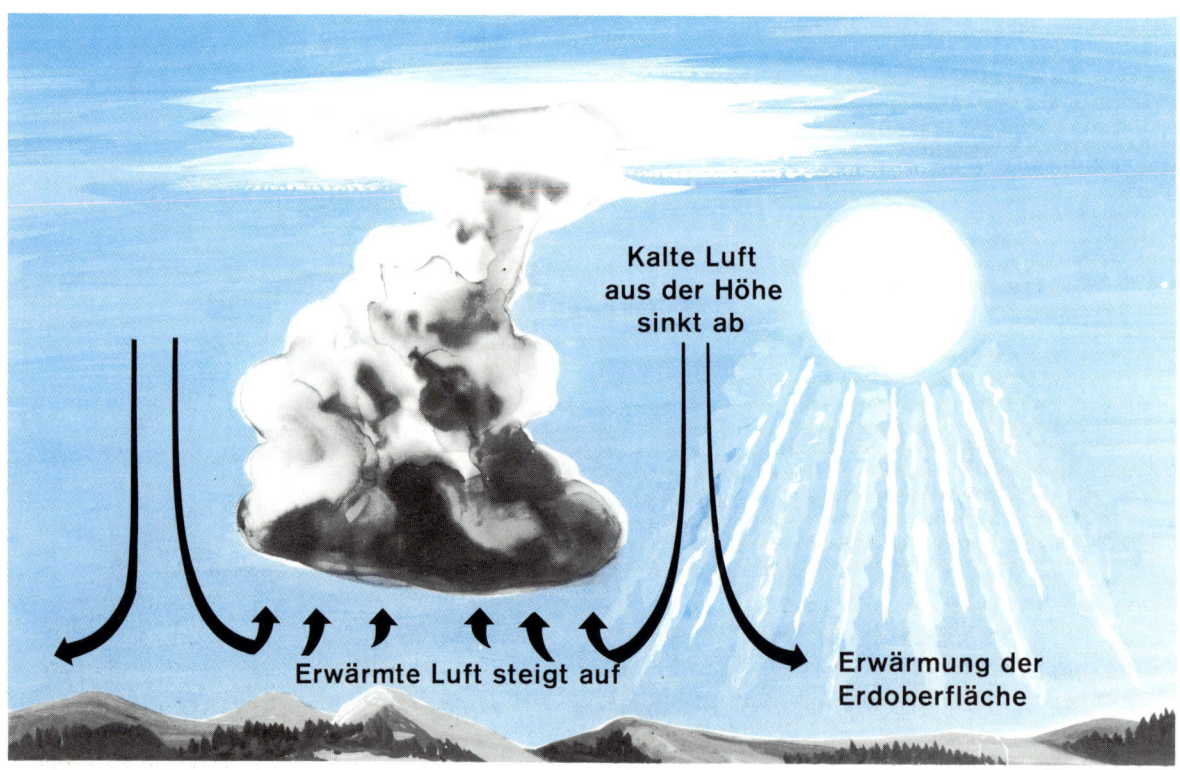

Abb. 99   Wärmegewitter durch lokale thermische Konvektion

Die bodennahe erhitzte Luft steigt auf und wird durch kühlere Luft aus der näheren Umgebung und aus der Höhe ersetzt, die aufgrund ihrer höheren Dichte schwerer ist und absinkt. Der Kreislauf der thermischen Konvektion hat damit begonnen.
Ist die an diesem Kreislauf beteiligte Luft sehr feucht und mindestens bedingt labil (feuchtlabil), dann bilden sich - vorwiegend am späten Nachmittag, wenn die Erde durch lange Sonneneinstrahlung sehr warm geworden ist - hochreichende Konvektionszellen mit sich auftürmenden Cumulus-Wolken *(Cu-Stadium)*, die schnell so weit emporschießen können, daß riesige Cumulonimben *(Cb)* mit Gewittertätigkeit (Reifestadium) entstehen. So entstandene Wärmegewitter lösen sich im Normalfall in den frühen Abendstunden wieder auf, weil die Erdoberfläche durch Ausstrahlung in die Atmosphäre nun schnell abkühlt und die thermische Konvektion zusammenbricht.
Obwohl die meisten Wärmegewitter vereinzelt (isoliert) auftreten, kann es vorkommen, daß über bestimmten Gebieten plötzlich viele Gewitterzellen entstehen, die die Durchführung von VFR-Flügen unmöglich machen. Nach zwei bis drei Stunden - solange dauert die Entwicklung vom Cu-Stadium bis zur Auflösung - ist ein solches Wärmegewittergebiet wieder ohne Gefahren befliegbar und man findet nur noch zusammenfallende Reste der Gewitterwolken vor, aus denen es noch leicht regnen kann.

b) Orographische Gewitter (engl.: Orographic Thunderstorms)

Eine andere Art der **Luftmassengewitter** kann dann entstehen, wenn **feuchte und mindestens bedingt labile Luft einer einheitlichen Luftmasse** an der **Luvseite** von **orographischen Hindernissen** (Berge/Gebirge) zum **Aufsteigen** gezwungen wird. Oberhalb des Kondensationsniveaus setzt durch die freiwerdende Kondensationswärme eine unbegrenzte Konvektion ein - die aufsteigende Luft wird wärmer als die Umgebungsluft (= labil) - und es bilden sich Cumulonimben *(Cb)* mit Gewittertätigkeit.

Abb. 100   Orographische Gewitter bilden sich an der Luvseite von Bergen oder Gebirgen

Die Gewittertätigkeit kann auf einzelne Gewitterzellen *(Cb)* an den höchsten Bergen beschränkt sein, es kann aber auch zur Bildung einer langen, ununterbrochenen Gewitterlinie (ähnlich den sogenannten 'line sqalls' an Kaltfronten) entlang des gesamten Gebirges kommen, die ein Überqueren des Gebirges unmöglich macht. Fliegt man bei solchen Wetterlagen von der Luvseite her auf das Gebirge zu, so ist es oft sehr schwer, die orographischen Gewitter zu erkennen, weil die gefährlichen Cumulonimben *(Cb)* durch andere Wolken (meist Schichtwolken) unterhalb des Niveaus der freien (unbegrenzten Konvektion) verdeckt sind.
Fast alle orographischen Gewitter hüllen die Berggipfel mit ihrer Wolkenbasis vollständig ein. Deshalb sollte man **nie versuchen, solche Gewitter zu unterfliegen,** es sei denn, die andere Seite des Gebietes ist klar zu erkennen und die Wolkenbasis liegt so hoch, daß eine für das Bergland angemessene Sicherheitsmindesthöhe (mindestens 2000 ft GND!) eingehalten werden kann.

> *Merke: Luftmassengewitter - sowohl Wärmegewitter als auch orographische Gewitter - lassen sich vom Wetterdienst schwer vorhersagen!*

2. Frontgewitter (engl.: Frontal Thunderstorms)

Frontgewitter können sich durch **Hebung warmer, bedingt labiler (feuchtlabiler) Luft mit hohem Feuchtigkeitsgehalt** an den **Frontflächen** aller uns bekannten **Wetterfronten** bilden. Demnach unterscheidet man hier zwischen

- Kaltfrontgewittern (siehe a.)
- Warmfrontgewittern (siehe b.)
- Okklusionsgewittern (siehe c.).

a) Kaltfrontgewitter (engl.: Cold Front Thunderstorms)

Schiebt sich schnell vorwärtsbewegende **Kaltluft** wie ein **Keil** unter eine vorgelagerte **Warmluftmasse**, die sehr **feucht** und bedingt labil ist, dann bildet sich durch den Hebungsvorgang an der Frontfläche eine **Gewitterlinie** (engl.: line squall).
Näheres über die **Entstehung** und die **Gefahren** solcher **Kaltfrontgewitter** finden Sie in den **Abschnitten 6.4 (Seite 30)** und **11.7 (Seite 66)!**

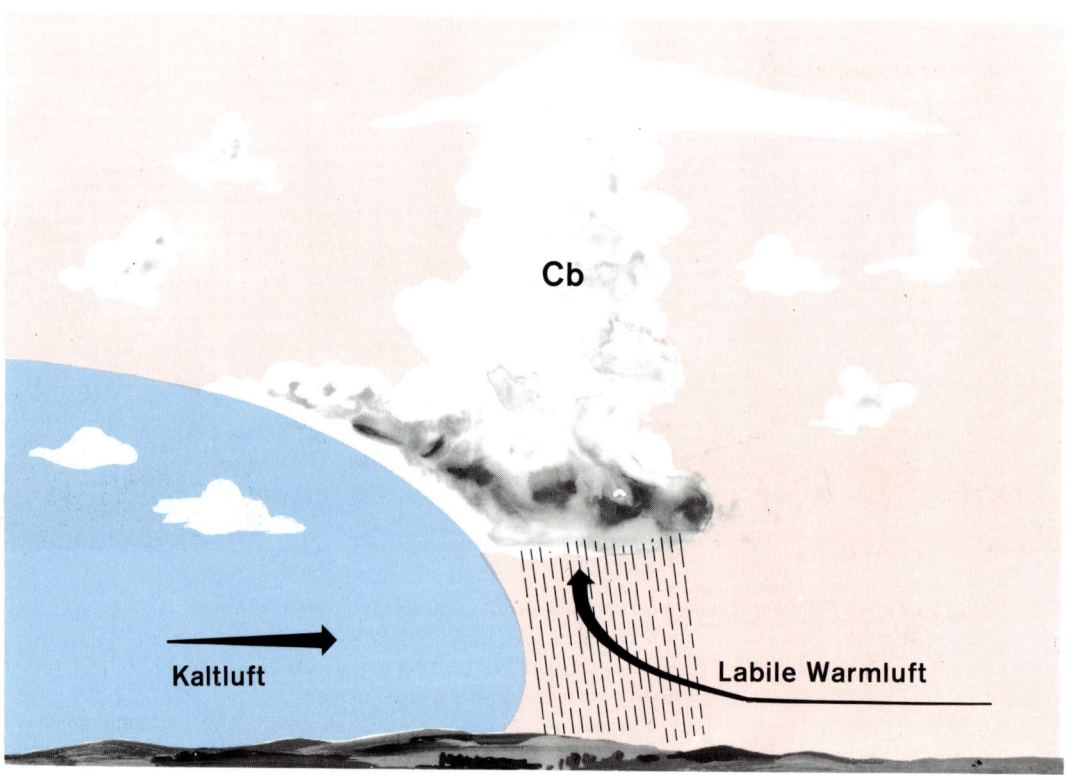

Abb. 101 Kaltfrontgewitter. - Gewitterlinie entlang der gesamten Frontfläche (bis zu 800 km lang!)

b) Warmfrontgewitter (engl.: Warm Front Thunderstorms)

Gewitterbildung an **Warmfrontflächen** ist sehr viel seltener zu beobachten als an Kaltfronten, da die auf die flache Warmfrontfläche **aufgleitende Warmluft** in der Regel **stabil** geschichtet ist.
Handelt es sich bei der aufgleitenden Warmluft jedoch um **bedingt labile Luft** mit hohem **Feuchtigkeitsgehalt**, so können an der **Frontfläche** auch **Quellwolken (Cb)** mit Gewittererscheinungen entstehen, die aus dem mächtigen **Schichtwolkenfeld** der Warmfront 'herausschießen' *(siehe Abb. 102 auf der nächsten Seite)*.

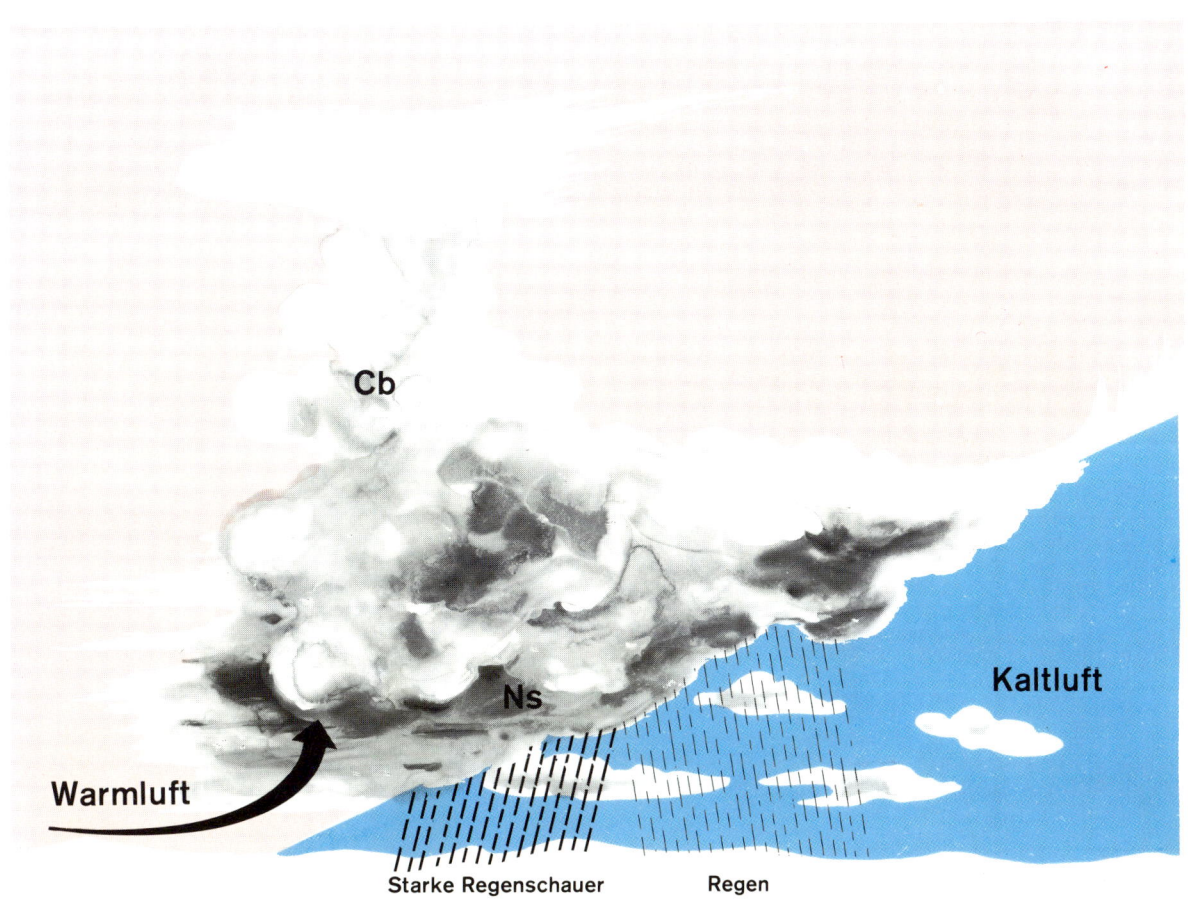

Abb. 102 Warmfrontgewitter - Die Cumulonimben *(Cb)* sind meist in das Schichtwolkenfeld eingebettet und somit n i c h t s i c h t b a r !

Die große Gefahr von Warmfrontgewittern für den IFR - Flugzeugführer besteht darin, daß er die C u m u l o n i m b e n *(Cb)* durch die Schichtbewölkung an der Frontfläche n i c h t e r k e n n e n kann und glaubt in eine s t a b i l e W a r m f r o n t b e w ö l k u n g ohne Turbulenz und Gewittertätigkeit einzufliegen.

> *M e r k e : Schauerniederschläge - im Warmfrontwetter normalerweise n i c h t a n z u t r e f f e n ! - deuten auf Quellwolkenbildung und G e w i t t e r t ä t i g k e i t an der Warmfront hin!*

c) O k k l u s i o n s g e w i t t e r (engl.: Occluded Front Thunderstorms)

G e w i t t e r b i l d u n g ist unter den bekannten, allgemein gültigen Voraussetzungen - gehobene Luft l a b i l u n d f e u c h t g e n u g - auch an W a r m - u n d K a l t f r o n t o k k l u s i o n e n *(siehe 12.2, Seiten 73 / 74)* möglich.

Solche O k k l u s i o n s g e w i t t e r verhalten sich in der Regel wie die schon erwähnten Kalt- und Warmfrontgewitter und zeigen die gleichen Wettererscheinungen. Da uns die F r o n t e n s y s t e m e der atlantischen Tiefdruckstörungen häufig erst im okkludierten Zustand erreichen, handelt es sich bei den in M i t t e l e u r o p a auftretenden F r o n t g e w i t t e r n meist um O k k l u s i o n s g e w i t t e r mit Kalt- oder Warmfrontcharakter.

14.1.3 Gefahren für die Fliegerei

Alle Gewitterarten bergen für den Flugzeugführer eine Reihe von erheblichen **Gefahren** in sich, die in den vorhergehenden Ausführungen schon angedeutet wurden. Wir müssen diese Gefahren genau kennen, um ihnen in der Praxis aus dem Wege gehen zu können. In erster Linie sind dabei die **plötzlich auftretenden, wolkenbruchartigen Regenschauer mit starkem Sichtrückgang** unter der Wolkenbasis, der in den Schauern mögliche **Hagel**, die **Flugzeugvereisung**, die **elektrischen Entladungen (Blitze)** und die **starke bis extreme Turbulenz** in Betracht zu ziehen.

Die nachfolgende Tabelle gibt eine **Übersicht** über die **Erscheinungen** und die **Gefahren in Gewittern**:

Erscheinung oder Gefahr	Cumulusstadium	Reifestadium	Auflösungsstadium
Vertikale Ausdehnung	bis 25.000 Fuß	Sommer: Tropopause Winter: bis 25.000 ft	ca. 25.000 ft
Horizontale Ausdehnung (nur Wärmegewitter)	2 bis 5 km	10 bis 15 km	10 bis 20 km
Vertikal-Strömungen	Aufwinde bis 2000 ft/min (10 m/sec), zunehmend	Aufwinde bis 6000 ft/min (30 m/sec)! Abwinde bis 2000 ft/min (10 m/sec)!	Abwinde bis 2000 ft/min (10 m/sec), abnehmend!
Niederschläge am Boden	Keine!	Starke Regenschauer! Hagel möglich!	Nachlassende Schauerniederschläge, die in leichten Regen übergehen.
Flugzeug-Vereisung	Leichte Vereisung (Klareis)!	Starke Vereisung (Klareis)!	Leichte Vereisung (Rauheis)!
Turbulenz	Leicht!	Sehr stark!	Mäßig bis leicht!
Hagel	Kein Hagel!	Besonders im mittleren Teil der Wolke!	Kein Hagel!
Elektrische Entladungen (Blitze)	Keine!	Erd- und Wolkenblitze!	Keine! Vereinzelte Wolkenblitze möglich

Neben den in der Tabelle aufgeführten Erscheinungen und Gefahren verdient ein anderes Phänomen - nämlich die schon erwähnte **Gewitterböe** ('Böenwalze') vor dem Durchgang des Gewitters am Boden - besondere Beachtung, da sie bei **Start und Landung große Gefahren** heraufbeschwören kann. Die **Gewitterböe** in Form einer heftigen 'Böenwalze' entsteht im Reifestadium durch **horizontale Ausbreitung des kräftigen Abwindstroms** an der Erdoberfläche *(siehe Abb. 103)*. Sie zeichnet sich durch eine plötzliche **Windrichtungsänderung** um bis zu 180° (!) und ebenso plötzlich auftretende **Spitzenböen** bis zu 80 Knoten (!) aus, die eine **sichere Führung** des Flugzeugs in Bodennähe **unmöglich** machen!

Merke deshalb: Versuche niemals, kurz vor dem Durchgang eines Gewitters auf einem Flugplatz zu starten oder zu landen!

Abb. 103 Die Böenwalze (Gewitterböe) siehe nächste Seite!

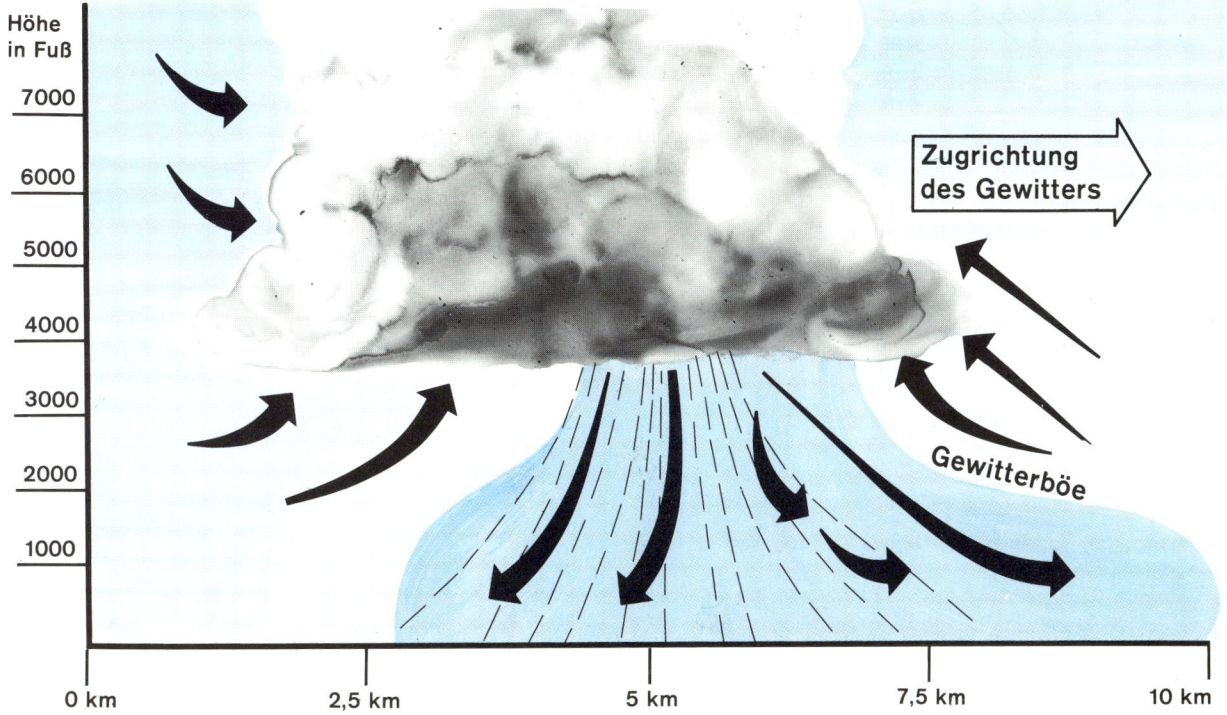

Abb. 103 Die Böenwalze (Gewitterböe) vor dem Durchgang eines Gewitters

Der gefährlichen B ö e n w a l z e folgt kurz darauf das starke S c h a u e r n i e d e r s c h l a g s - g e b i e t, in dem die S i c h t häufig bis auf den Wert 'Null' absinkt und die W o l k e n u n t e r - g r e n z e fast den B o d e n erreicht.
Abschließend sei noch erwähnt, daß die e l e k t r i s c h e n E n t l a d u n g e n - also die B l i t z e - die I n s a s s e n eines Metallflugzeugs ('Faraday'scher Käfig') n i c h t g e f ä h r d e n können, da die Ladung an der Außenhaut des Flugzeugs verbleibt. B l i t z e i n s c h l ä g e am Flugzeug können aber die F u n k - und N a v i g a t i o n s a n l a g e n b e s c h ä d i g e n oder gar z e r s t ö r e n, wodurch die N a v i g a t i o n und die F u n k v e r b i n d u n g mit den Bodenstellen (ATC) gerade zu dem Zeitpunkt u n m ö g l i c h gemacht wird, zu dem der Flugzeugführer auf die H i l f e der F l u g s i c h e r u n g angewiesen ist.

14.2   Die Flugzeugvereisung (engl.: Aircraft Icing oder Ice Accretion)

14.2.1   A l l g e m e i n e s ü b e r V e r e i s u n g

Obwohl heute alle größeren Flugzeuge für den Flugbetrieb nach Instrumentenregeln (IFR) mit

- **Enteisungsanlagen** (engl.: de - icing equipment) oder
- **Vereisungsschutzanlagen** (engl.: anti - icing equipment)

ausgerüstet sind, gilt die F l u g z e u g v e r e i s u n g noch immer als eine der g e f ä h r l i c h s - t e n E r s c h e i n u n g e n des Flugwetters. Bei Flügen in V e r e i s u n g s w e t t e r l a g e n kann E i s a n s a t z am Flugzeug selbst oder an wichtigen technischen Systemen durchaus dazu führen, daß das betoffene Flugzeug f l u g u n f ä h i g wird *(siehe Abb. 104 auf der nächsten Seite)!*

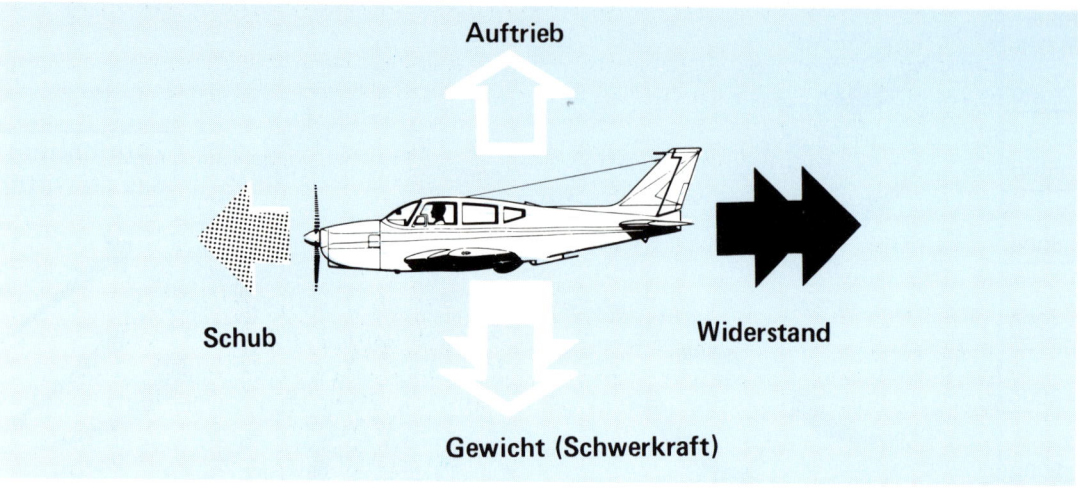

Abb. 104   Folgen einer schweren Flugzeugvereisung

Vereisung ist vor allem bei Flügen durch w a s s e r d a m p f r e i c h e Luftschichten, u n t e r - k ü h l t e Wolkenelemente oder durch u n t e r k ü h l t e n Niederschlag in einem T e m p e r a - t u r b e r e i c h von

- 0°C bis −20°C (OAT)

zu erwarten, sie kann aber auch an am B o d e n stehenden Flugzeugen auftreten. Neben der eigentlichen Flugzeugvereisung - dem E i s a n s a t z an den ä u ß e r e n T e i l e n des Flugzeugs, der die a e r o d y n a m i s c h e n E i g e n s c h a f t e n g e f ä h r l i c h verändert *(siehe Abb. 104)* - muß bei Vereisungswetterlagen z u s ä t z l i c h mit Eisbildung in der G e m i s c h a u f b e r e i t u n g s - a n l a g e von Kolbentriebwerken (Luftfilter / Vergaser) gerechnet werden, die zumindest einen L e i s t u n g s a b f a l l des Triebwerks mit e r h ö h t e m K r a f t s t o f f v e r b r a u c h durch Einschalten der V e r g a s e r v o r w ä r m u n g zur Folge hat *(siehe hierzu Band 1, Abschnitt 9.7)*.

Die V e r e i s u n g verursacht also, sowohl aus a e r o d y n a m i s c h e r Sicht als auch vom T r i e b w e r k her, eine erhebliche L e i s t u n g s m i n d e r u n g , die im schlimmsten Fall zum A b s t u r z des Flugzeugs führen kann, durch:

- **Auftriebsverringerung** infolge der Profilveränderung,
- **Widerstandserhöhung**,
- **Schubverlust** (durch Propeller-Vereisung),
- **Anwachsen der Überziehgeschwindigkeit** aufgrund der Gewichtszunahme,
- **Triebwerksleistungsverlust** mit erhöhtem Kraftstoffverbrauch,
- **niedrigere Fluggeschwindigkeit**
  und daraus resultierender
- **verminderter Manövrierfähigkeit**.

14.2.2   A r t e n u n d G e f a h r e n d e r V e r e i s u n g

Das bei Vereisungsbedingungen am Flugzeug ansetzende Eis weist entsprechend dem G e f r i e r v e r - l a u f verschiedenartiges Aussehen und unterschiedliche Festigkeit auf. Deshalb unterscheidet man zwischen:

- **Klareis** (engl.: clear ice) - *siehe a)*,
- **Rauheis** (engl.: rime ice) - *siehe b)*
  und
- **Rauhreif** (engl.: hoar frost) - *siehe c)*.

Die genannten Eisarten können entweder a l l e i n oder in Verbindung mit anderen Arten z u -
s a m m e n auftreten.

Bevor wir nun etwas näher auf die einzelnen Arten eingehen, müssen die V o r a u s s e t z u n g e n
f ü r d e n E i s a n s a t z am Flugzeug noch kurz klargestellt werden. E i s kann sich am Flugzeug
nur d a n n bilden, wenn

1. Wolken oder wasserdampfreiche Luftschichten durchflogen werden

   und

2. die Lufttemperatur 0° C (Gefrierpunkt) oder weniger beträgt.

a. K l a r e i s (engl.: Clear Ice)

Klareis ist ein mehr oder weniger d u r c h s i c h t i g e s Eis mit g l a s i g e r Oberfläche, das **an
der Außenhaut** des Flugzeugs sehr **fest haftet** und sich nur **s c h w e r entfernen** läßt. Deshalb wird
es in der Fliegerei als g e f ä h r l i c h s t e V e r e i s u n g s a r t eingestuft.

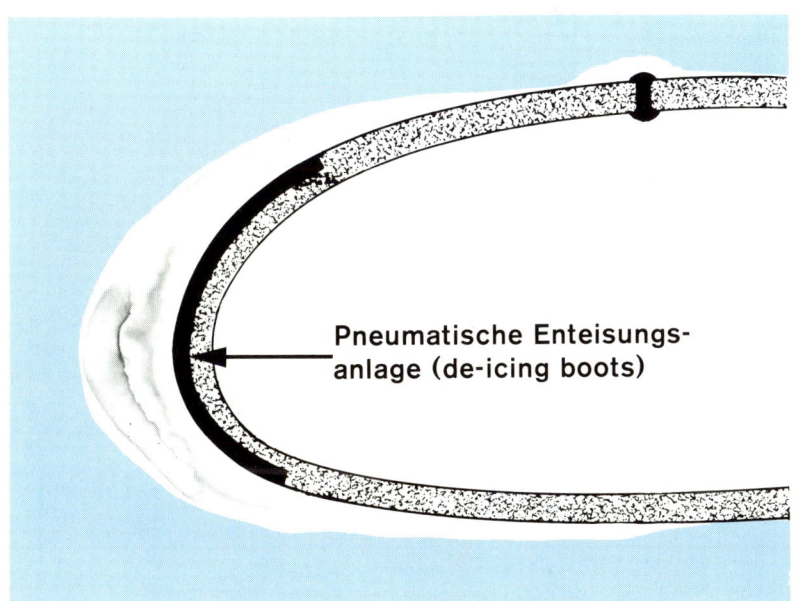

Abb. 105   Klareis - Ansatz am Tragflügelprofil läßt sich nur sehr schwer entfernen !

Klareis bildet sich durch langsames (verzögertes) Gefrieren von g r o ß e n , u n t e r k ü h l t e n
W a s s e r t r ö p f c h e n an der Außenhaut des Flugzeugs. Solche g r ö ß e r e n W a s s e r -
t r ö p f c h e n (Wolkenelemente) zeigen nach dem Aufprall die Tendenz, sich a u s z u b r e i t e n
und die F o r m d e r O b e r f l ä c h e anzunehmen, bevor sie an ihr f e s t f r i e r e n.
So entsteht in Abhängigkeit von der M e n g e der aufprallenden W a s s e r t r ö p f c h e n eine
mehr oder weniger dicke, d u r c h s i c h t i g e (klare oder glasige) E i s s c h i c h t mit fast
g l a t t e r oder leicht g e w e l l t e r Oberfläche, die sich aufgrund der L u f t s t r ö m u n g den
aerodynamischen P r o f i l e n anschmiegt (z. B. Tragflächen) und unter V e r r i n g e r u n g d e r
S c h i c h t d i c k e n a c h h i n t e n ausdehnt. Dadurch behält das betroffene Profil seine aero -
dynamische Form a n n ä h e r n d bei *(siehe Abb. 105)*.

Die **Gefahren des Klareisansatzes** am Flugzeug sind mehr in den Tatsachen zu suchen, daß die

Eisschicht

1. sehr fest auf der Oberfläche haftet - also nur sehr schwer zu entfernen ist,
2. den Auftrieb verringert und den Widerstand erhöht und
3. bei Vorhandensein einer großen Menge von unterkühlten Wassertröpfchen - in Quellwolken *(Cu/Cb)* oberhalb der 0°-Grenze immer zu erwarten! - so schnell anwachsen kann, daß das **Flugzeug** durch die Gewichtszunahme **flugunfähig** wird!

Die größeren unterkühlten Wassertröpfchen (Wolkenelemente) die die Klareisbildung an der Außenhaut verursachen, sind in allen Quellwolkenarten *(Cu/Cb usw.)*

• von der 0°-Grenze an aufwärts bis etwa −10°C anzutreffen!

Der wohl **gefährlichste Klareisansatz** entsteht durch unterkühlten Regen — auch gefrierender Regen (engl.: freezing rain) genannt — in der Kaltluft unter einer Warmfrontfläche *(siehe Abb. 106)*.

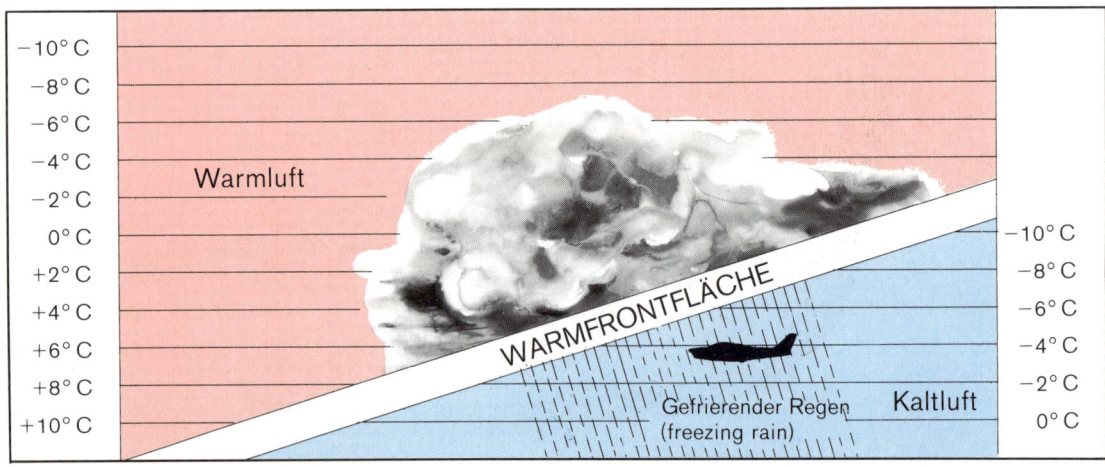

Abb. 106 — Typische Wetterlage für unterkühlten (gefrierenden) Regen unter einer Warmfront

Liegt die Temperatur der der Warmfront vorgelagerten Kaltluft bei etwa 0°C oder darunter, dann werden die aus der Warmfrontbewölkung fallenden Regentropfen in der kalten Luft unterkühlt und gefrieren beim Auftreffen auf Gegenstände (Flugzeuge, Autos, Erdoberfläche = Glatteis) fest an. Es entsteht eine Klareisschicht mit hoher Haftfähigkeit, die sich auch mit konventionellen pneumatischen Enteisungsanlagen (engl.: deicing boots) nur sehr schwer von der Außenhaut absprengen läßt.

Merke: Bei starkem Dauerregen - unter Warmfronten immer zu erwarten! - kann die Eisschicht innerhalb weniger Minuten so schnell anwachsen, daß ein Flugzeug fluguntüchtig wird!

b. **Rauheis** (engl.: Rime Ice)

Rauheis entsteht durch **spontanes Gefrieren kleiner unterkühlter Wassertröpfchen** (Wolkenelemente) beim Aufprall an der Oberfläche des Flugzeugs. Die kleinen Wassertröpfchen verändern bei diesem Gefrierprozeß ihre kugelförmige Gestalt kaum. Zwischen den feinen Eiskügelchen wird Luft eingeschlossen, die das einfallende Licht so beugt, daß die Vereisung ein weißliches und undurchsichtiges (milchiges) Aussehen erhält *(siehe Abbildung auf der nächsten Seite).*

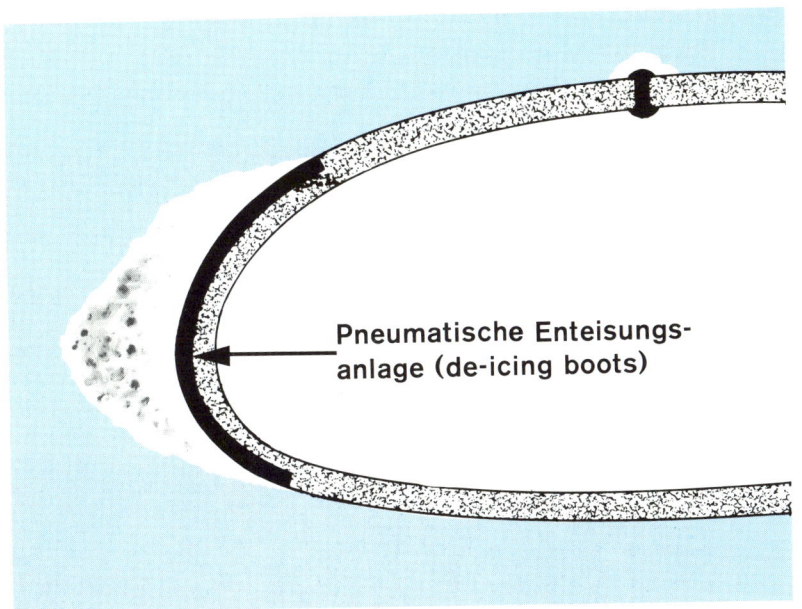

Abb. 107 Rauheis-Ansatz am Tragflügelprofil

Rauheis breitet sich - im Gegensatz zum **Klareis** - **nicht** über der Oberfläche des Flugzeugs aus, sondern es **wächst** vor allem **an den Stirnkanten** (Vorderkanten) der Tragflügel, Streben und Leitwerksflossen **in die Luftströmung hinein** *(siehe Abb. 107).*
Es hat im Vergleich mit Klareis eine **geringere Festigkeit** und läßt sich mit **konventionellen Enteisungsanlagen** (de-icing boots) **leicht** von den Stirnkanten **absprengen.**
Rauheisansatz ist vorwiegend in **Schichtwolken** *(z.B. St/Ns)* bei

- Temperaturen zwischen 0° C und −20° C zu erwarten,

er kann jedoch auch in **Quellwolken** *(z.B. Cu/Cb)* im Temperaturbereich zwischen −10° C und −20° C auftreten.

c. **Rauhreif** (engl.: Hoar Frost)

Rauhreif bildet sich vor allem **nachts**, bei **starker Ausstrahlung** (sprich: Abkühlung) des Erdbodens, an Gegenständen, die **stärker abkühlen** als der Erdboden selbst. Dabei muß die Lufttemperatur **unter** dem Gefrierpunkt (0° C) liegen und die Gegenstände (z. B. Flugzeug), an denen sich der Rauhreif niederschlägt, müssen bis zum **Sublimationspunkt** der Luft **abkühlen** *(siehe auch Seite 23, Abb. 25).* Der in der Luft vorhandene **Wasserdampf** tritt aufgrund der **Sättigung** aus, geht **direkt in den festen Zustand** - also **Rauhreif** (Eis) - über und setzt sich an allen Gegenständen fest.

Der rauhe Reifbelag **haftet nicht sehr fest** an der Oberfläche des Flugzeugs und läßt sich mit einfachen Mitteln (z. B. Besen) leicht entfernen.

> *Merke: Rauhreifbelag wird von vielen Flugzeugführern in seiner Wirkung unterschätzt. Er erhöht den Widerstand des Flugzeugs und ist deshalb im Langsamflugbereich kurz nach dem Start oder während der Landung besonders gefährlich!*

Es kann in der Praxis auch vorkommen, daß der Rauhreifansatz **während** des Fluges auftritt. Geht ein Flugzeug aus **höheren Luftschichten** mit Temperaturen **unter** dem Gefrierpunkt (0° C) in den Sinkflug über und durchfliegt dabei eine wärmere **feuchte** Schicht, so kommt es zu **Reifansatz**, der die Kabinenscheiben bedeckt und dem Flugzeugführer im schlimmsten Falle jegliche **Sicht nach außen** nehmen kann!

15.0 Wetterkarten, Wetterschlüssel, Wettersymbole und Wettermeldungen

15.1 Die Bodenwetterkarte

Auf der Bodenwetterkarte wird das Wettergeschehen kartenmäßig mit Hilfe des internationalen SYNOP-SCHLÜSSELS dargestellt.

Ungefähr 8 000 Wetterstationen verbreiten auf der Nordhalbkugel zu bestimmten Terminen (synoptische Termine: 0000, 0300, 0600, 0900 UTC usw.) ihre Bodenwetterbeobachtungen in Form einer verschlüsselten Meldung (SYNOP-MELDUNG, von griechisch ‚synopsis' = gleichzeitige, zusammenfassende Schau) an ihre Zentralen. Dort werden die Meldungen ausgewertet und über ein weltweites Netz an andere Zentralen weitergeleitet.

Die eingehenden Meldungen der Wetterstationen liefern alle wichtigen Daten für das Zeichnen von Wetterkarten und für die Analyse der Wetterlage (Synoptik).

Für die E i n t r a g u n g der Daten einer SYNOP-Meldung in die Bodenwetterkarten wird ebenfalls ein international gültiges Schema angewendet. Um den S t a t i o n s k r e i s in der Wetterkarte werden alle Wetterelemente an einer bestimmten Stelle eingetragen (siehe Abb. 108, unten).

Beispiel einer Wettermeldung (Synop-Schlüssel):

II	iii	i_R	i_X	h	VV	N	dd	ff	1	S_n	TTT	2	S_n	$T_dT_dT_d$	3	$P_0P_0P_0P_0$	4	PPPP	5	a	PPP	RRR	t_R	7	ww	W_1W_2	8	N_h	C_L	C_M	C_H	9	hh	//
10	727	1	1	4	50	6	22	25	1	0	144	2	0	123	3	9888	4	0007	5	6	003	002	1*	7	60	6	6	8	5	8	4	2	9	12	//

(Spaltenbeschriftungen: Blocknummer (10 = Deutschland); Kennziffer der Station (727 = Karlsruhe); Indikator für die Schlüsselgruppe 6RRRt_R; Indikator für die Betriebsart der Station und die Gruppe 7wwW$_1$W$_2$; Höhe der tiefsten Wolken über der Station¹⁾; Horizontale Sichtweite am Boden¹⁾; Gesamtbedeckung in Achteln¹⁾; Windrichtung (geogr.) in Zehnergrad, aus der der Wind kommt; Windgeschwindigkeit in Knoten (letztes 10-Minuten-Mittel); Vorzeichen der Temperatur: 0 = +; 1 = –; Lufttemperatur in Zehntelgrad Celsius; Meldung nur, wenn Meßdaten vorliegen; Vorzeichen der Temperatur: 0 = +; 1 = –; Taupunkttemperatur in Zehntelgrad Celsius; Vom DWD nicht benutzt; Luftdruck in Stationshöhe in Zehntel Hektopascal unter Weglassung der Tausenderziffer; Niederschlagsmenge in mm, die im Zeitraum, der durch t_R bestimmt wird, gefallen ist; Meldung nur, wenn Meßdaten vorliegen; Luftdruck in Zehntel hPa, reduziert auf Meereshöhe, unter Weglassung der Tausenderziffer (QFF); Art der Luftdruckänderung in den letzten 3 Stunden¹⁾; Betrag der 3stündigen Luftdruckänderung in Zehntel hPa; Niederschlagsmenge in mm, die im Zeitraum, der durch t_R bestimmt wird, gefallen ist; Zeitraum vor dem Beobachtungstermin (6 Stunden-Intervalle), auf den sich die unter RRR gemeldete Niederschlagsmenge bezieht; Meldung nur, wenn signifikante Daten vorliegen; gegenwärtiges Wetter (siehe Schlüsseltabelle Seite 106); Wetterverlauf (HT: 6 Std., ZT: 3 Std., StT: 1 Std); höchste Zahl; Wetterverlauf (HT: 6 Std., ZT: 3 Std., StT: 1 Std); zweithöchste Zahl; Keine Meldung, wenn wolkenlos; Bedeckungsgrad der tiefen (C$_L$) Wolken oder, falls keine vorhanden, der mittelhohen (C$_M$) Wolken¹⁾; Tiefe Wolken (Sc, St, Cu, Cb)¹⁾; Mittelhohe Wolken (Ac, As, Ns)¹⁾; Hohe Wolken (Ci, Cc, Cs)¹⁾; Vom DWD nicht benutzt; Höhe der Untergrenze der tiefsten gemessenen Wolken über der Station in Hektofuß)

¹) Schlüssel siehe Tabellen Seiten 97/98!

Indikator i_R:
1: Schlüsselgruppe 6RRRt_R wird gemeldet
3: Schlüsselgruppe 6RRRt_R wird nicht gemeldet, weil kein Niederschlag gefallen ist
4: Schlüsselgruppe 6RRRt_R wird nicht gemeldet, weil die Niederschlagsmenge nicht festgestellt werden kann

★ Schlüsselbuchstabe t_R:
t_R = 1: 6stündige Niederschlagsmenge (1 x 6 Std)
t_R = 2: 12stündige Niederschlagsmenge (2 x 6 Std)
t_R = 9: 54stündige Niederschlagsmenge (9 x 6 Std)

Indikator i_X:

Meldung	bemannte Station	autom. Station
ww-Meldung erfolgt	1	4
keine ww-Meldung, da kein signifikantes Wetter	2	5
keine ww-Meldung, da ww nicht bestimmbar	3	6

Der mit W_1W_2 zu beschreibende Zeitraum beträgt zum
HT = Haupttermin (00, 06, 12, 18 UTC) 6 Std
ZT = Zwischentermin (03, 09, 15, 21 UTC) 3 Std
StT = Stundentermin (01, 02, 04, 05, ... UTC) 1 Std

Die obige Wettermeldung wird – wie in der folgenden Darstellung gezeigt – um den Stationskreis (engl.: station model) auf der B o d e n w e t t e r k a r t e eingetragen:

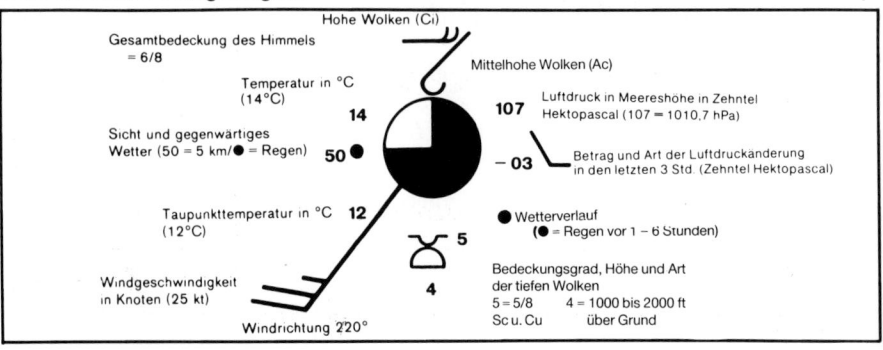

Abb. 108 - Stationskreis

Zur vollständigen Auswertung - also zum richtigen LESEN der Bodenwetterkarte - gehören noch ein paar Schlüsseltabellen, die wir in Form von 'Auszügen' hier angeschlossen haben:

1. Bedeckung (N und N_h)

N	N_h	Bedeckungsgrad
○	0	wolkenlos
◐	1	ein Achtel oder weniger
◐	2	zwei Achtel
◐	3	drei Achtel
◐	4	vier Achtel
◐	5	fünf Achtel
◐	6	sechs Achtel
◐	7	sieben Achtel oder mehr, aber nicht bedeckt
●	8	acht Achtel bedeckt
⊗	9	Himmel nicht erkennbar (Sky obscured)

2. Höhe (h) der tiefen Wolken

h	Höhe in ft über Grund
0	0 - 150
1	150 - 300
2	300 - 600
3	600 - 1000
4	1000 - 2000
5	2000 - 3000
6	3000 - 5000
7	5000 - 6500
8	6500 - 8000
9	8000 oder darüber oder keine Wolken

3. Sicht (VV)

VV	Sicht
01	100 m
⋮	⋮
09	900 m
10	1000 m
⋮	⋮
50	5000 m
56	6 km
57	7 km
60	10 km
70	20 km
80	30 km
81	35 km
82	40 km
88	70 km
89	über 70 km

4. Luftdruck-Tendenz (a)

Code	a	Tendenz
0	∧	steigend, dann fallend
1	⌐	steigend, dann gleichbleibend
2	/	steigend
3	✓	erst fallend, stark steigend
4	—	gleichbleibend, wie vor 3 Stunden
5	∨	fallend, dann steigend; Luftdruck niedriger als, oder ebenso hoch wie vor 3 Stunden
6	⌐	fallend, dann gleichbleibend
7	\	fallend
8	∧	steigend, dann stark fallend

5. Vergangenes Wetter (w)

Code	W	Vergangenes Wetter
0	Kein Symbol	Gesamtbedeckung nicht größer als 4/8
1	Kein Symbol	Zeitweise 4/8 oder weniger zeitweise über 4/8
2	Kein Symbol	Gesamtbedeckung dauernd größer als 4/8
3	↯ / ✢	Sandsturm, Staubsturm / Schneetreiben
4	≡	Nebel oder Dunst, Sicht unter 1 km
5	،	Sprühregen, Nieseln
6	●	Regen oder Regen mit Sprühregen
7	✳	Schnee oder Schnee mit Regen vermischt, Schneegriesel oder Eiskörner
8	▽	Schauer
9	⚡	Gewitter mit oder ohne Niederschlag

6. Art der tiefen Wolken (C$_L$)

Code	C$_L$	Beschreibung
1		Schönwetter-Cumulus (Cu)
2		Sich auftürmender Cumulus (Cu)
3		Cumulonimbus (Cb) ohne Amboßkopf
4		Stratocumulus, der sich aus Cu gebildet hat
5		Stratocumulus (Sc)
6		Stratus (St), auch Stratusdecke
7		Schlechtwetter-Stratus fractus
8		Cumulus (Cu) und Stratocumulus (Sc) in verschiedenen Höhenschichten
9		Cumulonimbus mit Amboßkopf

7. Art der mittelhohen Wolken (C$_M$)

Code	C$_M$	Beschreibung
1		Altostratus (As), durchsichtig
2		Undurchsichtiger Altostratus (As) oder Nimbostratus (Ns)
3		Altocumulus (Ac), durchsichtig
4		Altocumulus (Ac) in Bänken (Ac lenticularis), durchsichtig
5		Halbdurchsichtiger Altocumulus (Ac) in Bändern, aufziehend
6		Altocumulus (Ac), aus Cu entstanden
7		Durchsichtige oder undurchsichtige Altocumulusschichten, Ac mit As oder Ns
8		Altocumulus castellanus (Ac cast) oder floccus
9		Altocumulus (Ac) in verschiedenen Höhen, chaotischer Himmel

8. Art der hohen Wolken (C$_H$)

Code	C$_H$	Beschreibung
1		Faserige Cirrus-Wolken
2		Dichte Cirren (Ci)
3		Dichte Cirren (Ci) von Amboßform herrührend
4		Aufziehende Cirren (Ci) in Hakenform (Hakencirren), dichter werdend
5		Aufziehender Cirrostratus (Cs), nicht über 45° (Höhe)
6		Aufziehender Cirrostratus (Cs), über 45° (Höhe)
7		Cirrostratus (Cs), den ganzen Himmel bedeckend
8		Cirrostratus (Cs), nicht den ganzen Himmel bedeckend, kein Aufzug
9		Cirrocumulus (Cc)

9. Windgeschwindigkeit in Knoten (ff)

ff	kt	ff	kt
	calm		40
	1–2		45
	5		50
	10		55
	15		60
	20		65
	25		70
	30		75
	35		105

10. Wettersymbole für w'w' auf der Bodenwetterkarte

Symbol	Bedeutung	Symbol	Bedeutung
⌐∿	Rauch, Smoke	●	Regen, Rain
∞	Dunst, Haze	⌐∿ / ⌐∿	Gefrierender Sprühregen/ Regen, Freezing Drizzle / Rain
=	Feuchter Dunst, Mist	✳	Schnee, Snow
⌿→	Staub- / Sandsturm, Dust or Sandstorm	△	Hagel, Hail
≡	Nebel, Fog	▽	Schauer, Showers
,	Sprühregen, Drizzle	⌐ʀ	Gewitter Thunderstorm

11. Andere wichtige Wetterkartensymbole

a) Frontensymbole

Art	Symbol	Farbe
Kaltfront	▲▲▲	blau
Höhenkaltfront	△△△	blau
Warmfront	●●●	rot
Höhenwarmfront	⌒⌒⌒	rot
Okklusion	▲●▲●▲●	violett
Höhenokklusion	△⌒△⌒△⌒	violett
Stationäre Front am Boden	▲●▽▲●▽	rot und blau im Wechsel
Stationäre Front in der Höhe	△⌒▽△⌒▽	rot und blau im Wechsel
Konvergenzlinie	⟶>⟶	orange
Instabilitätslinie	— ·· — ·· —	schwarz

b) Drucklinien

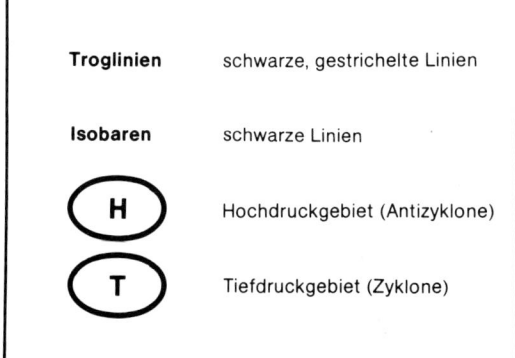

Troglinien — schwarze, gestrichelte Linien
Isobaren — schwarze Linien
Ⓗ — Hochdruckgebiet (Antizyklone)
Ⓣ — Tiefdruckgebiet (Zyklone)

c) Niederschlagsgebiete (Bodenwetterkarte)

Art	Symbol	Farbe
Regengebiete		hellgrün schraffiert
Sprühregengebiete	,,	(hellgrün)
Regenschauer	▽▽	(hellgrün)
Schneefallgebiete		dunkelgrün schraffiert
Schneeschauer	✳▽✳▽	(dunkelgrün)
Gewitter	⌐ʀ	(rot oder blau)
Nebelgebiete		gelb schraffiert

Eine farbig gezeichnete Bodenwetterkarte stellt das zur Zeit herrschende Wettergeschehen sehr anschaulich dar. Der Flugzeugführer kann die für ihn wichtigen Wettererscheinungen sofort erkennen und seinen Flug entsprechend planen.

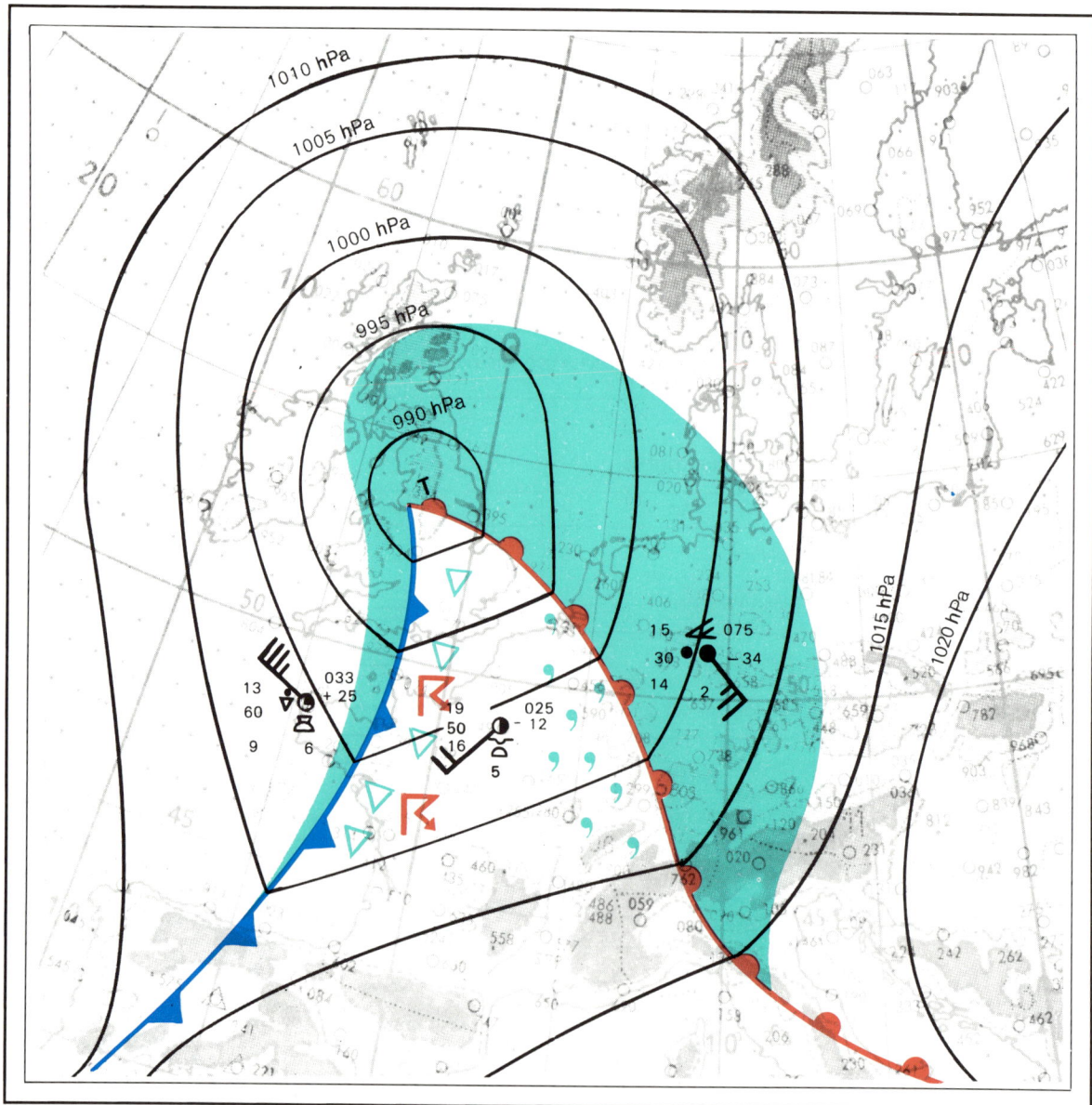

Abb. 109 — Bodenwetterkarte

- Die Isobaren (Linien gleichen Luftdrucks) verbinden auf der Bodenwetterkarte alle Punkte (Orte) mit gleichem Luftdruck. Einzeichnung in die Karte im Abstand von jeweils 5hPa zu 5hPa.

- Durch die Konstruktion der Isobaren schälen sich auf der Karte Gebiete mit tiefem Luftdruck (Tiefdruckgebiete) und Gebiete mit hohem Luftdruck (Hochdruckgebiete) heraus.

- Der Abstand der Isobaren (Druckgefälle) gibt Auskunft über die Windgeschwindigkeiten.

  Merke: Kleine Isobarenabstände = hohe Windgeschwindigkeit
           Große Isobarenabstände = kleine Windgeschwindigkeit

- Isobarenknicke zeigen uns, daß zwei verschiedene Luftmassen durch eine Front (Kalt- oder Warmfront) scharf voneinander getrennt sind.

Für viele andere Isobarenformen haben sich bestimmte Bezeichnungen - entsprechend ihrer Form - eingebürgert, zum Beispiel:

- Tiefdruckrinne (auch Tiefdruckfurche genannt) - Zone tiefen Drucks, die zwei Tiefdruckgebiete miteinander verbindet.

- Tiefausläufer - Ausbuchtung der Isobaren bei einem Tiefdruckgebiet nach Süden.

- Tiefdrucktrog (auch Störungsausläufer genannt) - Isobarenausbuchtung im Zusammenhang mit Fronten.

- Hochdruckbrücke (auch Hochdruckrücken genannt) - Zone hohen Luftdrucks, die zwei Hochdruckgebiete miteinander verbindet.

15.2 Andere Wetterkarten

1) Höhenwetterkarten - Die neueren Erkenntnisse in der Meteorologie haben gezeigt, daß unser Wettergeschehen sehr stark von den Vorgängen in höheren Luftschichten abhängig ist. Deshalb werden heute auch sogenannte Höhenwetterkarten erstellt. Für die Luftfahrt werden diese Höhenwetterkarten (Windvorhersagekarten) viermal täglich (um 0000, 0600, 1200, 1800 UTC) mit einem Gültigkeitszeitraum von 6 Stunden für folgende Standarddruckflächen erstellt:

850 hPa = FL 50, 700 hPa = FL 100, 500 hPa = FL 180, 300 hPa = FL 300, 200 hPa = FL 390.

Auf diesen Karten, die vor allem der Windvorhersage in den verschiedenen Höhen dienen, sind folgende Angaben vorhanden:

1. Windrichtung und Windgeschwindigkeit mit Windpfeilen
2. Temperaturangabe, zum Beispiel +8 (8º C)

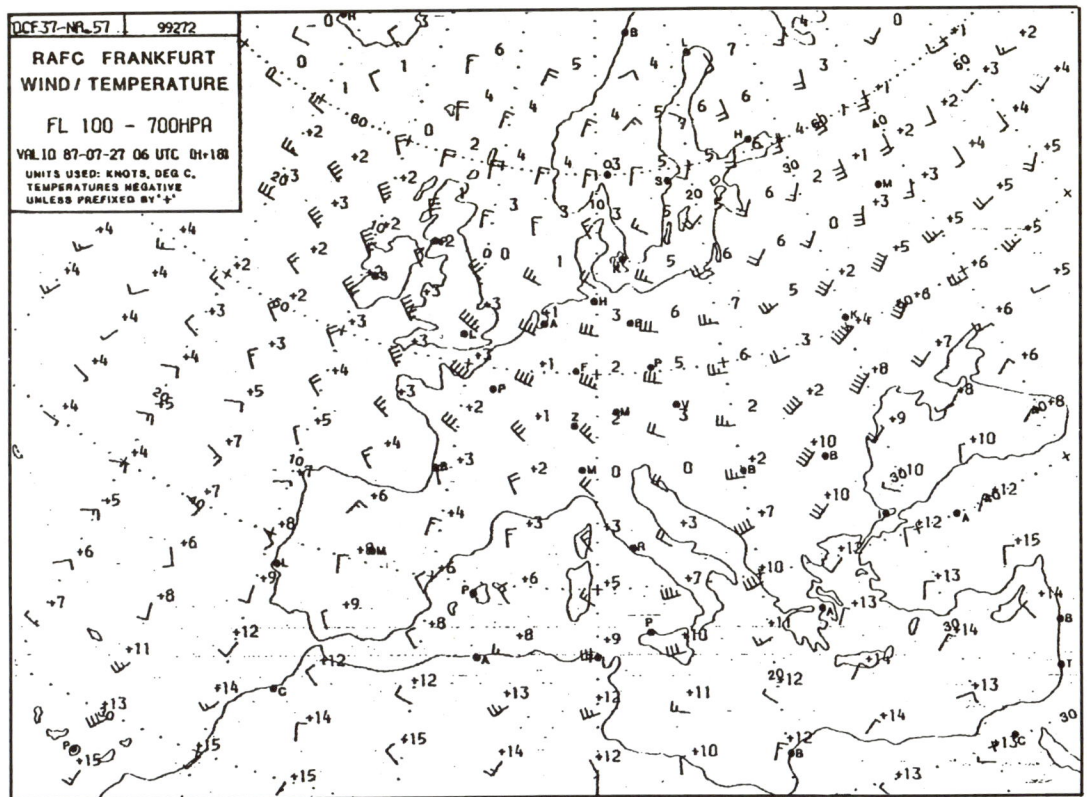

Abb. 110   700 hPa - Karte (FL 100)

2) SWC = Significant Weather Chart (Karte markanter Wettererscheinungen) - FL 100 bis FL 450

Diese Karte stellt in sehr anschaulicher Weise **Gebiete mit markanten Wettererscheinungen** (significant weather) dar. Sie erscheint ebenfalls viermal täglich, und zwar um 0000, 0600, 1200, 1800 UTC.

Besonders hervorgehoben werden bei dieser Kartenart:

- Art, Lage und Verlagerung von Fronten (mit den gebräuchlichen Symbolen)
- Wolkengebiete, Wolkenarten, Wolkenuntergrenzen und Wolkenmenge in folgender Form:

1. **Frontgebundene Wolkengebiete:**

2. **Nicht frontgebundene Wolkengebiete:**

3. **Wolkenarten** mit den gebräuchlichen Abkürzungen, wie z.B.: As, Cb, Cu

4. **Wolkenuntergrenzen und -obergrenzen:** $\dfrac{\text{Obergrenze ft/FL}}{\text{Untergrenze ft/FL}}$ z.B. $\dfrac{220}{110} = \dfrac{FL\ 220}{FL\ 110}$ oder $\dfrac{320}{XXX} = \dfrac{FL\ 320}{GND}$

5. **Wolkenmenge mit den Abkürzungen:**   **SCT** = scattered (1/8 bis 4/8)   **BKN** = broken (5/8 bis 7/8)
   OVC = overcast (8/8)   **LYR** = Layer (Schicht)

Andere Abkürzungen: ISOL = isolated (vereinzelt/isoliert), **FRQ** = frequent (häufig), **OCNL** = occasional (gelegentlich), **EMBD** = embedded (eingebettet), **LOC** = locally (örtlich), **MAR** = maritime (über dem Meer), **MON** = mountain (über dem Gebirge), **COT** = coast (an der Küste), **LAN** = land (über dem Festland), **VAL** = valley (im Tal), **MTW** = mountain waves (Leewellen an Gebirgen).

Desweitern gibt die 'Significant Weather Chart' Auskunft über:

a) 0° — Grenze (freezing level), wie zum Beispiel:

| 0° : FL 100 | = 0° — Grenze in Flugfläche 100 (FL 100) |
| 0° : SFC | = 0° — Grenze am Boden (SFC = surface) |

b) Markante Wettererscheinungen durch folgende Symbole:

Symbol	Bedeutung	Symbol	Bedeutung
⚡	Gewitter (Thunderstorm)	∪	Leichte Vereisung (slight icing)
∧	mäßige Turbulenz (moderate turbulence)	∪∪	mäßige Vereisung (moderate icing)
⩕	starke Turbulenz (severe turbulence)	∪∪∪	starke Vereisung (severe icing)

c) CAT = Clear air turbulence (Turbulenz im wolkenfreien Raum)

(Erläuterung jeweils am Kartenrand)

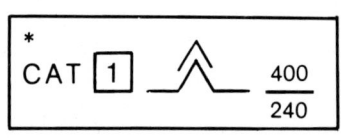

* Bedeutung:
In dem markierten Gebiet starke Turbulenz von FL 240 bis FL 400

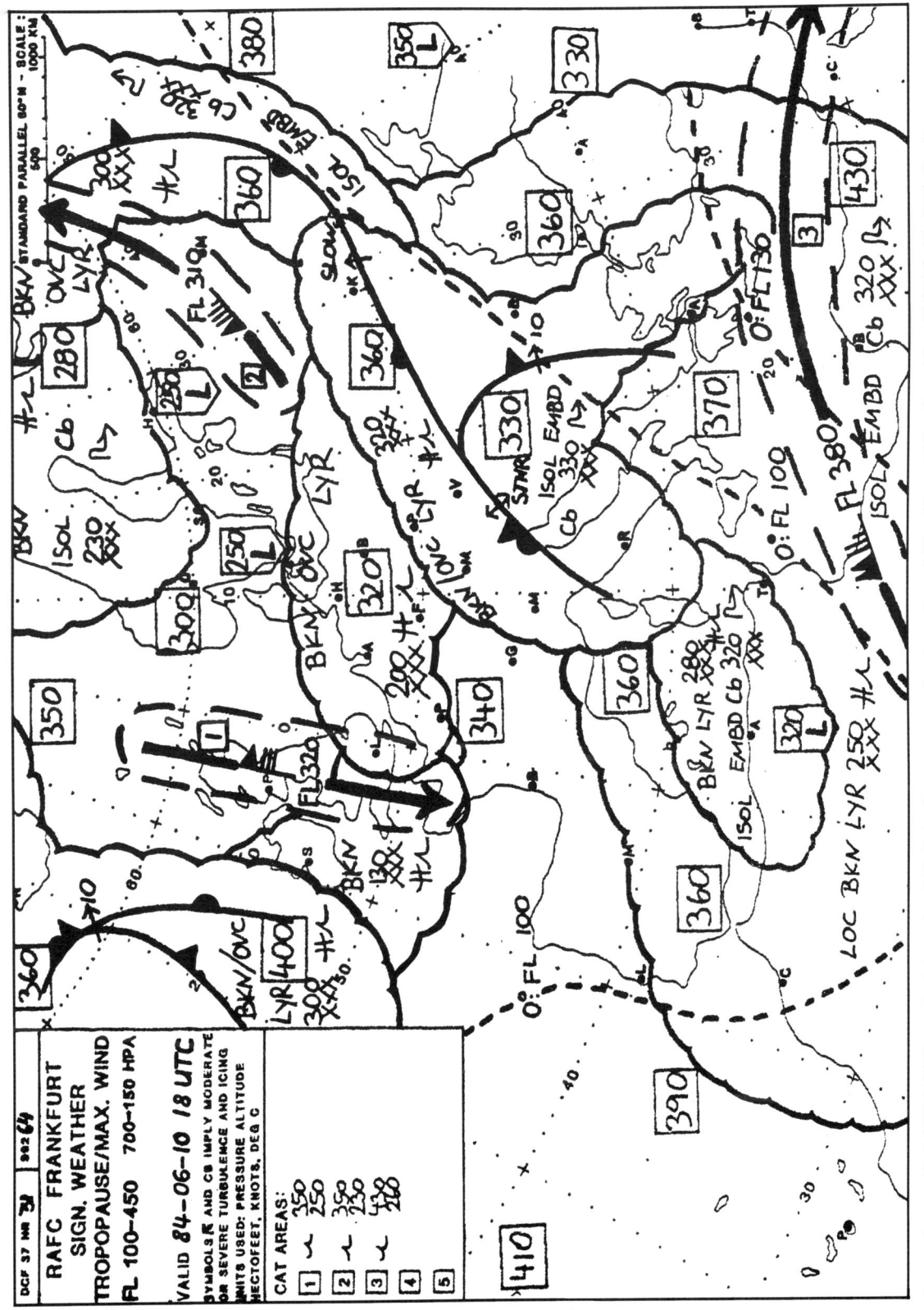

Abb. 111a — SWC – "Significant Weather Chart" (FL 100-450)

Anmerkung: Seit **NOV 1988** erscheint zweimal täglich eine sogenannte „**Low Level Significant Weather Chart**" (SFC–FL 100) für die Allgemeine Luftfahrt (0600 UTC/1800 UTC). Ein Muster dieser Karte ist auf der folgenden Seite abgedruckt (Abb. 111b). – Die darin (zusätzlich) verwendeten Abkürzungen finden Sie auf Seite 102!

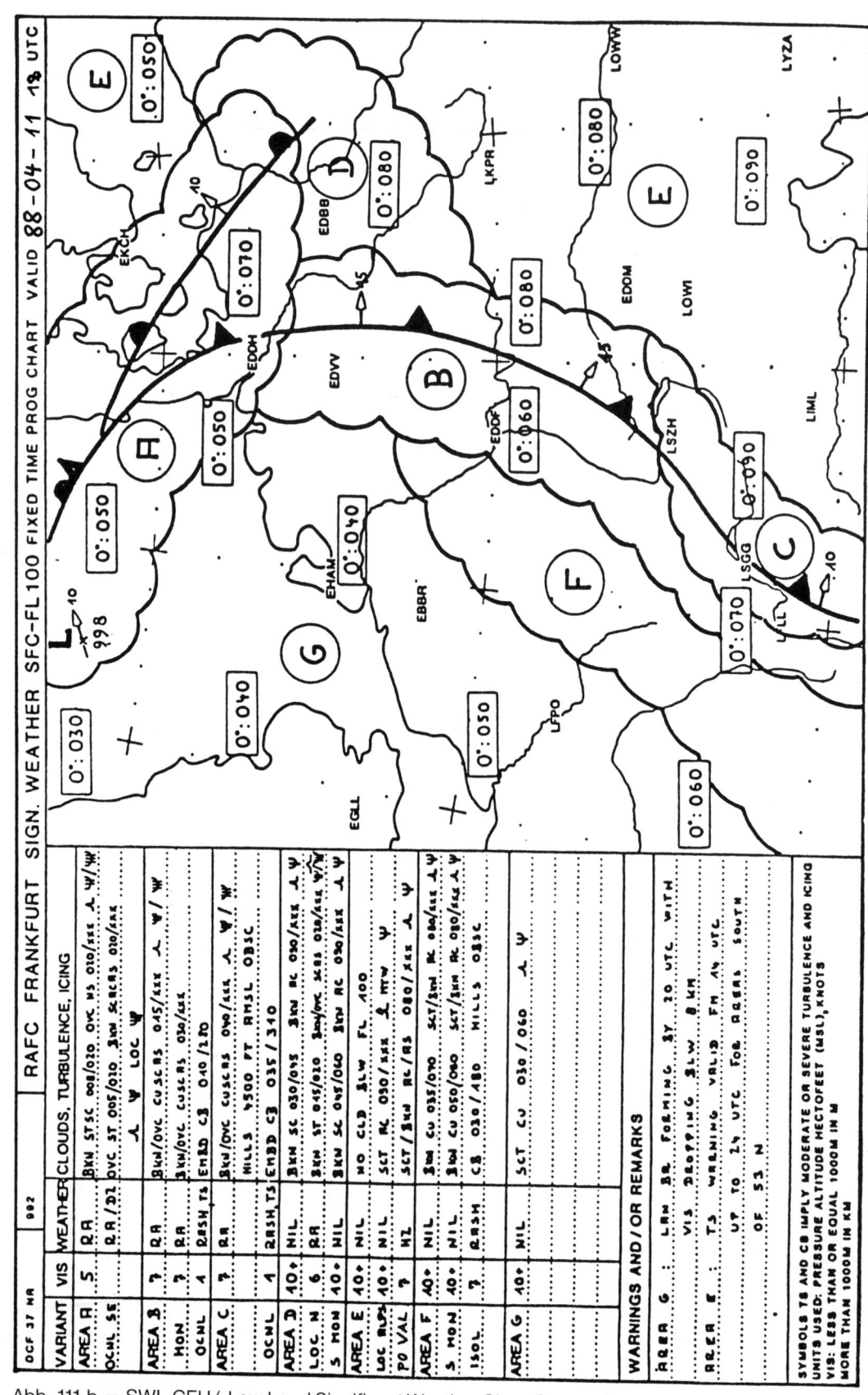

Abb. 111 b — SWL-CEU („Low Level Significant Weather Chart Central Europe") – SFC/FL 100

Anmerkung zu SWL-CEU: Für Wolkenobergrenzen über FL 100 wird **xxx** angegeben!

15.3 Wettermeldungen (METAR und TAF)

a) METAR (METeorological Aerodrome Routine Report) — Bodenwettermeldung von Flugplätzen

Der in der Bodenwettermeldung von Flugplätzen verwendete METAR-Schlüssel ist speziell für die Luftfahrt gedacht und zeichnet sich durch leichte Lesbarkeit aus. Er ermöglicht es allen Fliegern, die wichtigen Wetterinformationen sofort selbst aus den Meldungen zu entnehmen, ohne einen komplizierten Wetterschlüssel anwenden zu müssen.

Die Bodenwettermeldung gilt nur für den Bereich des meldenden Flugplatzes; sie enthält meistens am Ende einen TREND, der für 2 Stunden gültig ist (METAR + TREND = Landewettervorhersage). Sie wird in der BR Deutschland und anderen europäischen Ländern halbstündlich (H +20 und H + 50, zum Beispiel 0020, 0050, 0120 usw.) von den Wetterdienststellen der Flugplätze erstellt und sofort verbreitet (z.B. über ATIS und VOLMET).

Bei gutem Flugwetter kann die METAR-Meldung durch den Begriff ‚CAVOK' (Clouds And Visibility OK) wesentlich verkürzt werden. Dieser Begriff wird unter folgenden Voraussetzungen angewendet:

- **Sichtweite:** 10 km oder mehr!
- **Gegenwärtiges Wetter:** Kein Niederschlag, Gewitter, Sand- oder Staubsturm, flacher Nebel oder Schneefegen!
- **Bewölkung:** Kein Cumulonimbus und keine anderen Wolken unter 1500 m (5000 ft) über Grund!

Schlüssel für Landewettervorhersage (METAR + TREND) – Gültig ab 01. Juli 1993!

Code	CCCC	GGggZ	dddffGf$_m$f$_m$KT	VVVVD$_v$*	RD$_R$D$_R$/V$_R$V$_R$V$_R$V$_R$i	w'w'*
METAR	EDDL	1250Z	20005 KT	2400		– RA
Kennwort	ICAO-Ortskennung (hier: Düsseld.)	Beobachtungszeit 1250 UTC	Wind = 200°/5 KT Spitzböen werden nach G (= Gusts) nur gemeldet, wenn der Mittelwert um mehr als 10 KT überschritten wird). VRB = Variabel	Bodensicht 2400 m (9999 bedeutet 10 km oder mehr) Mit D$_v$ kann die Richtung der Mindestsicht in einer 8-teiligen Skala angegeben werden.	R – Runway Visual Range (RVR), D$_R$D$_R$ – Landebahn- V$_R$V$_R$V$_R$V$_R$ – RVR in m i – RVR-Tendenz U – Upward D – Downward N – No Change	Gegenw. Wetter: leichter Regen (Andere Kombinationen und Wettererscheinungen siehe Schlüsseltabelle, S. 106)
N$_s$N$_s$N$_s$h$_s$h$_s$h$_s$(cc)*	T'T'/T$_d$'T$_d$'	QP$_H$P$_H$P$_H$P$_H$	(Zusätzliche Informationen)	TREND		
OVC 008	04/03	Q 1010		NOSIG		
Wolken: bedeckt Untergrenze: 800 ft GND N$_s$N$_s$N$_s$ kann sein: OVC – Overcast (bedeckt) BKN – Broken (5-7 Achtel) SCT – Scattered (1-4 Achtel) SKC – Sky Clear (wolkenlos) Wolkenart (cc) wird nur gemeldet bei CB – Cumulonimbus TCU – Towering Cumulus 9//002 = Himmel nicht erkennbar (sky obscured), Vertikalsicht 200 ft	Temperatur = 4° C (T'T') Taupunkt = 3° C (T'$_d$T'$_d$) (M04/M06) = Temperatur – 4° C/ Taupunkt – 6° C	Luftdruck (QNH) = 1010 hPa	An dieser Stelle können im METAR noch zusätzliche Informationen über • zurückliegendes Wetter (RE – Recent Weather) und • Windscherung (WS) verschlüsselt werden	TREND-Vorhersage (2 Std. gültig), Schlüssel entsprechend den Änderungsgruppen im TAF (siehe S. 106) NOSIG = keine wesentl. Änderung NSW = No Significant Weather		

* Kann durch CAVOK ersetzt werden (Erklärung für CAVOK siehe oben)

Abb. 112 – METAR-Schlüssel

Übungsbeispiele aus der Praxis Seite 107!

b) TAF (Terminal Aerodrome Forecast) — Flugplatzwetter-Vorhersage

Die Verschlüsselung der Flugplatzwettervorhersage wird wie bei der METAR-Meldung vorgenommen und gilt ebenfalls nur für den Bereich des meldenden Flugplatzes. Die Wetterdienststellen der Verkehrsflughäfen erstellen alle 3 Stunden eine neue Vorhersage mit einer Gültigkeit von jeweils 9 Stunden (0100 - 1000, 0400 - 1300, usw.).

Für den internationalen Flugverkehr werden alle 6 Stunden Langzeit-TAFs mit einer Gültigkeit von 18 Stunden veröffentlicht (1200 - 0600, 1800 - 1200, usw.).

Der TAF besteht aus dem Grundzustand des vorhergesagten Wetters und, falls erforderlich, aus einer Änderungsgruppe (z.B. BECMG oder TEMPO) mit den Abweichungen vom Grundzustand innerhalb des Vorhersagezeitraums.

Schlüssel für Flugplatzwettervorhersage (TAF) – Gültig ab 01. Juli 1993!

Code	CCCC	$G_1G_1G_2G_2$	dddff Gf_mf_mKT	VVVV	w'w'	$N_sN_sN_s$ $h_sh_sh_s$(cc)	Zusätzl. Inform.	TTTT	GGG_eG_e	Wie vorher!		
TAF	EDDF	1322	06005KT	2500	BR	BKN015		BECMG	1920	VRB05KT	1200	+RA	0VC008
Kennwort	ICAO-Ortskennung hier: Frankfurt/M.	Gültigkeitszeitraum der Vorhersage 13 – 22 UTC	Windrichtung 60° Windgeschwindigkeit 5 Kt ggf. Spitzenböen	Bodensicht 2500 m	Feuchter Dunst (siehe unten)	Wolken: stark bewölkt Untergrenze: 1500 ft GND	Nach Vereintarung Vorhersage von Temperatur, Vereisung und Turbulenz	Änderungsgruppe*	GG = Beginn, G_eG_e = Ende des Änderungszeitraumes in vollen Stunden UTC (19-20 UTC)	Wind variabel mit 5 Kt	Bodensicht 1200 m	starker Regen (siehe unten)	Wolken: bedeckt Untergrenze: 800 ft GND

Grundzustand! — Änderung von Grundzustand!

*Erläuterungen zur Änderungsgruppe:

BECMG = (Becoming) Änderung innerhalb des Zeitraums von GG bis G_eG_e. Danach gilt der folgende Zustand

TEMPO = (Temporary) Zeitweilige Änderungen von kurzer Dauer (weniger als 1 Std.) innerhalb des angegebenen Zeitraumes von GG bis G_eG_e

FMGG = (From) Neuer Zustand gilt nach dem Zeitpunkt GG

PROB = (Probability) Wahrscheinlichkeit in % mit der ein alternativer Wert eines vorhergesagten Wetterelements oder kurzfristige Änderungen angenommen werden (z. B. PROB 30 = 30 % Wahrscheinlichkeit)

CAVOK: (Cloud And Visibility OK)
Sicht: 10 km oder mehr
Wetter: kein Niederschlag, Gewitter, Sand- oder Staubsturm, flacher Nebel oder Schneefegen
Bewölkung: Kein Cumulonimbus und keine anderen Wolken unter 1500 m (5000 ft) über Grund

SKC: wolkenlos (Sky Clear)
NSC: keine signifikante Bewölkung (No Significant Cloud)
NSW: keine signifikanten Wettererscheinungen (No Significant Weather)

Abb. 113 – TAF-Schlüssel

Übungsbeispiele aus der Praxis siehe nächste Seite!

Schlüssel-Tabelle für Angaben über w'w'
(Gegenw. und vorhergesagtes Wetter/Present and Forecast Weather)

Beschreibung		Wettererscheinungen (Weather Phenomena)			
Intensität oder Nähe	Art	Niederschlag	Sichtminderung	Andere	
– leicht (light)	MI flach (shallow)	DZ Sprühregen (drizzle)	BR feuchter Dunst (mist)	PO Staubteufel, Sandwirbel (dust/sand whirls)	
mäßig oder unbestimmt (moderate)	BC Schwaden (patches)	RA Regen (rain)	FG Nebel (fog)	SQ markante Böen (squalls)	
	DR -fegen (low drifting)	SN Schnee (snow)	FU Rauch (smoke)	FC Wolkenschlauch, Tornado, Wasserhose (funnel cloud)	
+ stark (heavy)	BL -treiben (blowing)	SG Schneegriesel (snowgrains)	VA Vulkanasche (vulcanic ash)	DS Staubsturm (duststorm)	
VC in der Nähe (in the vicinity)	SH Schauer (shower)	IC Eisnadeln (diamant dust)	SA Sand (sand)	SS Sandsturm (sandstorm)	
	TS Gewitter (thunderstorm)	PE Eiskörner (ice pellets)	DU Staub (dust)		
	FZ unterkühlt, gefrierend (supercooled)	GR Hagel (hail)	HZ trockener Dunst (haze)		
		GS Graupel (soft hail)			

Anmerkungen:

1. Die Wettergruppen w'w' sind aus den Abkürzungen der Spalten dieser Tabelle in der Reihenfolge von links nach rechts zusammengesetzt. Unterschiedliche Niederschläge können in einer Gruppe kombiniert auftreten.

   Beispiel: + SHSNRA bedeutet starke Schneeregenschauer (heavy showers of snow and rain)

2. Mit **DR** gekennzeichnete Wettererscheinungen erreichen eine Höhe von weniger als 2 m,
   Beispiel DRSN = Schneefegen;
   Mit **BL** gekennzeichnete Wettererscheinungen erreichen eine Höhe von 2 m oder mehr,
   Beispiel BLSN = Schneetreiben

3. Bei **GR** treten Hagelkörner mit einem Durchmesser von 5 mm und mehr, bei **GS** von weniger als 5 mm auf.

4. **VC** bedeutet, daß die Wettererscheinung im Umkreis von 8 km, aber nicht direkt am Flughafen auftritt.

Übungsbeispiele (METAR/TAF)

METAR-Meldungen:

```
Deutscher Wetterdienst                              Datum: 14.11. 93
Flugwetterwarte Köln/Bonn                           Zeit : 15:23 UTC

Ausgabe von Metars
141520 EDBB  THF Berlin/Tempelhof
             14013KT 7000 -RA SCT005 BKN008 03/02 Q1003 NOSIG=
141520 EDBT  TXL Berlin/Tegel
             15011KT 100V190 6000 RA BKN009 OVC025 03/02 Q1002 NOSIG=
141520 EDDF  FRA Frankfurt/Main
             23024G36KT 9999 SCT010 SCT036 09/02 Q1005 NOSIG=
141520 EDDH  HAM Hamburg/Fuhlsb.
             14008KT 6000 -RA SCT006 BKN016 06/05 Q0996 BECMG 9999=
141520 EDDK  CGN Köln/Bonn
             24017G36KT 210V270 9999 -RA SCT022 BKN025 07/02 Q1002
             TEMPO 27020G50KT=
141520 EDDL  DUS Düsseldorf
             23031G46KT 9999 -RA SCT015 BKN026 07/05 Q0997 NOSIG=
141520 EDDM  FJS München II
             24019G36KT 9999 SCT030 BKN066 13/07 Q1010=
141520 EDDN  NUE Nürnberg
             27009KT 9999 SCT010 BKN030 10/07 Q1007 TEMPO 24020G35KT 6000
             BKN008=
141520 EDDS  STR Stuttgart
             28021G32KT 9999 -RA SCT010 BKN025 10/04 Q1010 TEMPO
             30030G50KT 4000 SHRA BKN015=
141520 EDDW  BRE Bremen
             20012G22KT 8000 -RA BKN016 BKN020 07/06 Q0994 NOSIG=
```

TAF-Meldungen:

```
Deutscher Wetterdienst                              Datum: 14.11. 93
Flugwetterwarte Köln/Bonn                           Zeit : 15:22 UTC
Die nachstehenden TAFS waren zum Ausgabezeitpunkt gültig. Sie werden nicht
berichtigt  (amendiert)  und  können daher  nur  zur Information  dienen.

Ausgabe von Tafs
141600 EDBB  THF Berlin/Tempelhof
             1601 14015G28KT 5000 BKN010 BKN030 TEMPO 1601 3000 RA
             BKN006 OVC020 PROB30 TEMPO 1801 1500 RASN=
141600 EDBT  TXL Berlin/Tegel
             1601 14015G28KT 5000 BKN010 BKN030 TEMPO 1601 3000 RA
             BKN006 OVC020 PROB30 TEMPO 1801 1500 RASN=
141600 ETBS  SXF Berlin/Schönefeld
             1601 14015G28KT 5000 BKN010 BKN030 TEMPO 1601 3000 RA
             BKN006 OVC020 PROB30 TEMPO 1801 1500 RASN=
141600 EDDH  HAM Hamburg/Fuhlsb.
             1601 21015G25KT 9999 BKN020 TEMPO 1601 24025G40KT
             3000 RA BKN005 BKN010=
141600 EDDW  BRE Bremen
             1601 23015G25KT 9999 SCT012 BKN020 TEMPO 1601 26020G35KT 3000
             RA BKN004 OVC010 BECMG 2023 30025G35KT=
141600 EDVV  HAJ Hannover
             1601 20010KT 9999 SCT020 BKN030 TEMPO 1601 23015G30KT 5000
             SHRA PROB30 TSRA SCT010 BKN015CB=
141600 EDLG  FMO Münster/Osn.
             1601 23020G35KT 9999 BKN020 TEMPO 1601 29025G45KT 3000 RA
             BKN005 BECMG 1619 32030G45KT PROB30 1801 SHGS BKN005CB=
```

15.4 Flugwettervorhersagen für die Allgemeine Luftfahrt über automatische Anrufbeantworter (AFWA/GAFOR) (GAFOR - General Aviation Forecast)

Neben individuellen Flugwetterberatungen stellt der DWD für die Allgemeine Luftfahrt zusätzlich Flugwettervorhersagen in deutscher Sprache als '**A**utomatische **F**lug**w**etter**a**nsage (AFWA)' über Anrufbeantworter mit Mehrfachzugriff bereit.
Die Anrufbeantworter werden von den Flugwetterwarten des DWD über das öffentliche Fernsprechnetz betrieben.

● Flugwettervorhersagen werden für die Bereiche NORD und SÜD der BR Deutschland ausgegeben. Die Bereiche überlappen sich etwa zwischen dem Ruhr- und dem Rhein-Main-Gebiet sowie im Südteil der FIR Berlin. Die Vorhersagen für den Überlappungsbereich sind in beiden Berichten inhaltlich gleich.

● **Die Flugwettervorhersagen enthalten folgende Angaben:**

a) Einleitender Text und Gültigkeitsdauer der Vorhersage;
b) Charakterisierung der Wetterlage in Kurzform mit Hinweis auf die Thermik für den Segelflug (April bis Oktober) und - sofern erforderlich - im jeweils ersten Bericht die Wetteraussichten nach Ablauf der Gültigkeitsperiode;
c) Höhenwinde für die Höhen 1500 ft MSL (nur Bereich NORD), 3000 ft MSL, 5000 ft MSL und 10.000 ft MSL;
d) Höhe der Nullgradgrenze über NN (MSL);
e) Vorhersage in drei aufeinanderfolgenden 2-Stunden-Perioden der in jedem Gebiet vorherrschenden Möglichkeiten für VFR-Flüge, eingestuft nach den Kriterien des GAFOR-Codes;
f) Zeit der nächsten planmäßigen Aufsprache.

● **Terminplan für Ausgabe und Gültigkeitsdauer von AFWA/GAFOR:**

Ausgabe (UTC)	Gültigkeitsdauer der Vorhersage			
	gesamt	1. Periode	2. Periode	3. Periode
0230*)	0300 – 0900	0300 – 0500	0500 – 0700	0700 – 0900
0530	0600 – 1200	0600 – 0800	0800 – 1000	1000 – 1200
0830	0900 – 1500	0900 – 1100	1100 - 1300	1300 – 1500
1130	1200 – 1800	1200 – 1400	1400 – 1600	1600 – 1800
1430	1500 – 2100	1500 – 1700	1700 – 1900	1900 – 2100
2030	Aussichten für den Folgetag			

Bemerkungen: *)nur während der Sommerzeit!

● **Die Flugwettervorhersagen gelten für VFR-Flüge** innerhalb der Bundesrepublik **bis zu einer Höhe von 10.000 ft MSL**. Im Sinne der nach § 3 a LuftVO erforderlichen Flugvorbereitungen sind sie einer individuellen Beratung gleichzusetzen, sofern sie in der **letzten Stunde** vor dem Start abgerufen werden. Bei Untersuchungen besonderer Vorkommnisse wird die Vorhersage, die **eine Stunde vor dem Start** zur Verfügung gestanden hat, als Grundlage herangezogen, sofern keine individuelle Beratung eingeholt worden ist.

GAFOR (General Aviation Forecast)

Allgemeines

Der GAFOR wird im GAFOR-Code erstellt und dient der Verbreitung von Flugwettervorhersagen für die Allgemeine Luftfahrt. Die Vorhersagen beziehen sich ausschließlich auf die Elemente „Sicht" und auf eine Wolkenuntergrenze mit einem Bedeckungsgrad von 4/8 oder mehr. Gültigkeitsdauer und Ausgabezeiten der Vorhersagen entsprechen denen der AFWA-Berichte.

- **Zwischenzeitliche Ausprachen** sind bei unvorhergesehenen Wetterveränderungen zwischen den planmäßigen Berichten vorgesehen.

- Die Aufsprache erfolgt für alle 3 Vorhersageperioden je Gebiet mit den Anfangsbuchstaben der englischen Stufenbezeichnungen. Die Gebietsnummern werden in aufsteigender Reihenfolge genannt.

Die Länge der Berichte ist auf eine Sprechdauer von maximal 3 Minuten abgestimmt.

- **Die Einstufung der Möglichkeiten für VFR-Flüge erfolgt nach** folgenden Kriterien des GAFOR-Codes:

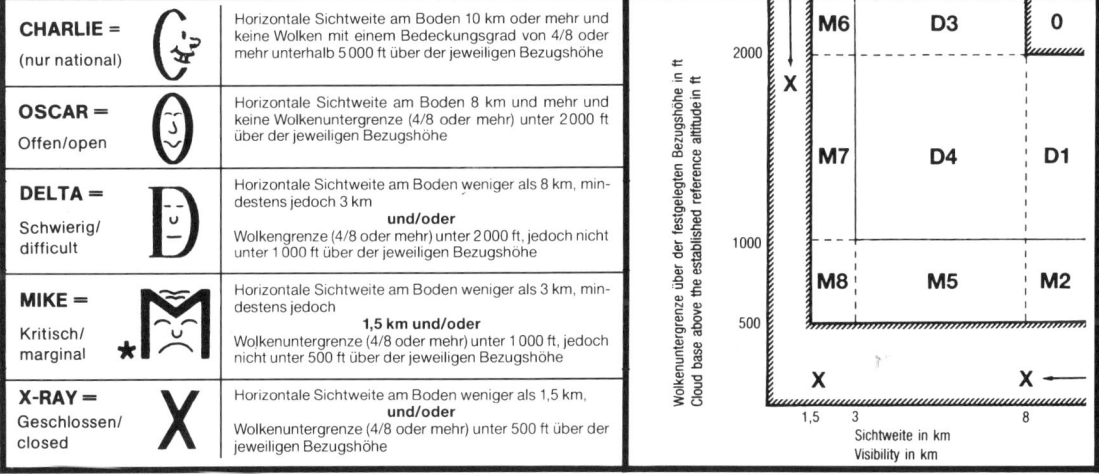

Anmerkungen: 1. „und/oder" besagt, daß jeweils das **ungünstigere der beiden Kriterien** (horizontale Sichtweite/Wolkenuntergrenze) für die Einstufung ausschlaggebend ist.

Im **nationalen GAFOR** wird bei der Einstufung „D" und „M" zwischen den beiden Kriterien durch Angabe der **Ziffernunterteilung** unterschieden (siehe oben). Bei der Einstufung bezieht sich die **Höhe der Wolkenuntergrenze** immer auf die für das Gebiet **festgelegte Bezugshöhe in ft MSL** (siehe Seite 110).

2. Einstufung MIKE*: Bei der Einstufung „M" (MIKE = kritisch/marginal) wird nach **AIP-VFR (Teil MET)** empfohlen, eine **individuelle Beratung** bei einer Flugwetterwarte einzuholen! – Allgemein ist zu beachten, daß die vorhergesagten Stufen zwar im überwiegenden Teil der jeweiligen Gebiete und für die jeweilige Zeitperiode vorherrschen sollen, mit **kleinräumigen oder kurzzeitigen Abweichungen** muß jedoch gerechnet werden.

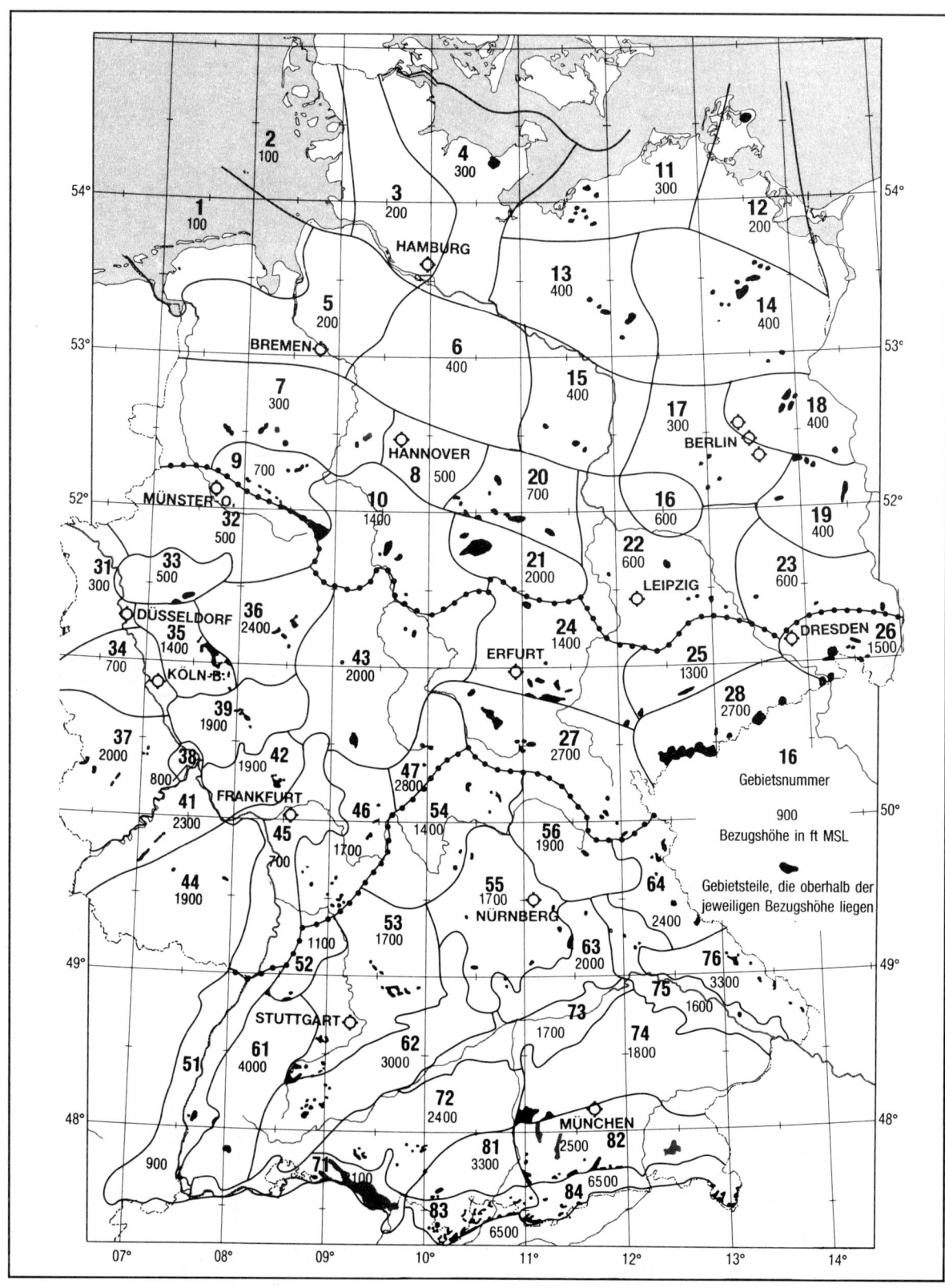

Abb. 114 – GAFOR-Gebietseinteilung

GAFOR-Gebiete / GAFOR-Areas

Nr.	Geographische Bezeichnung / Geographical designation	Bezugshöhen in ft MSL / Reference Altitude in ft MSL
	Vorhersagebereich NORD:	
01	Ostfriesland	100
02	Nordfriesland-Dithmarschen	100
03	Schleswig-Holsteinische Geest	200
04	Schleswig-Holsteinisches Hügelland	300
05	Nordwestliches Niedersachsen	200
06	Lüneburger Heide	400
07	Westliches Niedersachsen	300
08	Hannover	500
09	Teutoburger Wald	700
10	Weser-Leine Bergland	1400
11	Mecklenburgisches Tiefland	300
12	Vorpommern	200
13	Westliche Mecklenburgische Seenplatte und Prignitz	400
14	Östliche Mecklenburgische Seenplatte und Uckermark	400
15	Altmark	400
16	Hoher Fläming	600
17	Rhin-Havelluch und Ostbrandenburgisches Seengebiet	300
18	Barnim und Oderbruch	400
19	Spreewald und Gubener Waldland	400
20	Magdeburger Börde und Nördliches Harzvorland	700
21	Harz	2000
22	Leipziger Tieflandsbucht und Elbe-Elster Niederung	600
23	Niederlausitzer Heiden	600
	Vorhersagebereich NORD und SÜD:	
24	Thüringer Becken	1400
25	Mittelsächsisches Hügelland	1300
26	Oberlausitz und Lausitzer Gebirge	1500
27	Thüringer Wald, Frankenwald und Fichtelgebirge	2700
28	Erzgebirge	2700
31	Niederrheinisches Tiefland	300
32	Münsterland	500
33	Ruhrgebiet	500
34	Niederrheinische Bucht	700
35	Bergisches Land	1400
36	Sauerland	2400
37	Eifel	2000
38	Neuwieder Becken	800
39	Westerwald	1900
41	Hunsrück	2300
42	Taunus	1900
43	Nordhessisches Bergland mit Vogelsberg	2000
44	Rheinpfalz und Saarland	1900
45	Rhein-Main Gebiet und Wetterau	700
46	Odenwald und Spessart	1700
47	Rhön	2800
	Vorhersagebereich SÜD:	
51	Oberrheinische Tiefebene	900
52	Kraichgau	1100
53	Neckar-Kocher-Jagst-Gebiet	1700
54	Mainfranken und Nördliches Unterfranken	1400
55	Mittelfranken	1700
56	Oberfranken	1900
61	Schwarzwald	4000
62	Schwäbische Alb	3000
63	Fränkische Alb	2000
64	Oberpfälzer Wald	2400
71	Hochrhein- und Bodenseeraum	2100
72	Schwäbische Hochebene	2400
73	Westliche Donauniederung	1700
74	Südbayerisches Hügelland	1800
75	Östliche Donau- und Naabniederung	1600
76	Bayerischer Wald	3300
81	Westliches Alpenvorland	3300
82	Östliches Alpenvorland	2500
83	Allgäuer Alpen	6500
84	Östliche Bayerische Alpen	6500

15.5 Wetterfunksendungen für Luftfahrzeuge im Fluge (Meteorological Broadcasts)

a. SIGMET-MELDUNGEN

Die Flugwetterüberwachungsstellen des Deutschen Wetterdienstes (DWD) veröffentlichen Informationen über vorhandene oder zu erwartende **sig**nifikante **met**eorologische Erscheinungen in Form von sogenannten SIGMETs.

Sie werden in englischer Sprache von den **Fluginformationsdiensten** (*FIS = Flight Information Service*) **über Funk** ausgegeben; ihre Gültigkeitsdauer wird im allgemeinen auf einen Zeitraum von weniger als vier Stunden beschränkt.

SIGMETs werden nur dann veröffentlicht, wenn **eine** oder **mehrere** der folgenden **Erscheinungen** auftreten oder ihr Auftreten zu erwarten ist:

- Aktive Gewitter (active thunderstorm areas)
- Starke Böenlinien (severe squall lines)
- Starker Hagel (heavy hail)
- Starke Böigkeit (severe turbulence)
- Starke Vereisung (severe icing)
- Ausgeprägte Wellenbildung an Gebirgen (marked mountain waves)
- Verbreiteter Sand- oder Staubsturm (widespread sand or dust storm)
- Vulkanaschewolken

Frequenzen und Sendezeiten: Siehe Flieger-Taschenkalender (COM- und MET-Teil)!

b. VOLMET-SENDUNGEN

In der Bundesrepublik werden zur Zeit von **drei Stellen** (Berlin, Bremen und Frankfurt) sogenannte VOLMET-Sendungen ununterbrochen ausgestrahlt. Sie enthalten

- *die aktuellen Flughafenwettermeldungen*
- *und Landewettervorhersagen (METAR mit TREND)*

für die deutschen (BRD) und einige wichtige angrenzende ausländische Flughäfen und werden in englischer Sprache im Klartext während des ganzen Tages (24 Stunden) verbreitet.

Der Flugzeugführer kann sich mit Hilfe dieser VOLMET-Sendungen im Fluge ständig über die Wetterbedingungen und die Wetterentwicklung (TREND/gültig für 2 Stunden) an den meldenden Flughäfen informieren.

Frequenzen und Flughäfen, für die diese Wettermeldungen ausgestrahlt werden:
Siehe Flieger-Taschenkalender, MET- und COM-Teil!

c. ATIS-AUSSTRAHLUNGEN (Automatic Terminal Information Service) über VOR's

Zur Zeit werden über 11 UKW-Drehfunkfeuer (VORs) und einige Sprechfunkfrequenzen (VHF) in der Bundesrepublik Deutschland **Lande- und Startinformationen für die Flughäfen** automatisch von 0500 Uhr bis 2300 Uhr UTC ausgestrahlt.

Diese ATIS-Ausstrahlungen enthalten auch die aktuelle **Flughafenwettermeldung (METAR)** und eine **Landewettervorhersage** (TREND / gültig für 2 Stunden).

Jede Sendung beginnt mit einem Kennwort unter Verwendung des ICAO-Alphabets (z.B. ‚Düsseldorf Terminal Information ALPHA') und wird nur in englischer Sprache ausgestrahlt.

- Alle Luftfahrzeugführer sollen bei An- oder Abflügen zu oder von den Flughäfen (soweit die Ausrüstung es zuläßt / VOR) vor der Aufnahme des Sprechfunkverkehrs über das entsprechende UKW-Drehfunkfeuer (VOR) die ATIS-Information einholen und bei Aufnahme des Sprechfunkverkehrs den Empfang bestätigen (z.B. 'Information ALPHA received').

Frequenzen und Sendezeiten: Siehe Flieger-Taschenkalender (Com-Teil)!